高等职业教育机械类专业系列教材

逆向工程与3D打印技术

纪 红 编

机 械 工 业 出 版 社

逆向工程是基于已有零件构建 CAD 模型的技术手段，3D 打印技术是基于 CAD 模型快速制作零件的新型成形方法。逆向工程与 3D 打印技术已经成为应用型人才必备的技能之一。本书通过 4 个项目，详细介绍了逆向工程的工作流程、数据采集、数据处理及基于 Siemens NX 的三维 CAD 数据模型重构、3D 打印技术的特点、常见 3D 打印技术原理，以及 SLA、FDM、PolyJet、DLP、SLM 等主流 3D 打印技术在企业中的应用。

针对教学的需要，本书配有由杭州浙大旭日科技开发有限公司提供的配套教学资源，由杭州学呗科技有限公司提供的信息化教学工具（学呗课堂），使教学内容更丰富、形式更多样，教学更简单，可以更好地提高教学的效率、强化教学效果。

本书适合用作高等职业院校 3D 打印技术课程的教材，还可作为各类技能培训的教材，也可供相关工程技术人员参考。

本书配有电子课件，凡使用本书作为教材的教师，可登录机械工业出版社教育服务网（http://www.cmpedu.com）下载。咨询电话：010-88379375。

图书在版编目（CIP）数据

逆向工程与 3D 打印技术/纪红编 . —北京：机械工业出版社，2019. 10
（2024. 2 重印）
高等职业教育机械类专业系列教材
ISBN 978-7-111-63737-0

Ⅰ . ①逆…　Ⅱ . ①纪…　Ⅲ . ①工业产品-设计-高等职业教育-教材
②立体印刷-印刷术-高等职业教育-教材　Ⅳ . ①TB472②TS853

中国版本图书馆 CIP 数据核字（2019）第 200632 号

机械工业出版社（北京市百万庄大街 22 号　邮政编码 100037）
策划编辑：于奇慧　　　　　　责任编辑：于奇慧
责任校对：刘志文　樊钟英　封面设计：张　静
责任印制：常天培
固安县铭成印刷有限公司印刷
2024 年 2 月第 1 版第 8 次印刷
184mm×260mm · 13. 25 印张 · 328 千字
标准书号：ISBN 978-7-111-63737-0
定价：39. 00 元

电话服务　　　　　　　　　网络服务
客服电话：010-88361066　　机 工 官 网：www.cmpbook.com
　　　　　010-88379833　　机 工 官 博：weibo.com/cmp1952
　　　　　010-68326294　　金 书 网：www.golden-book.com
封底无防伪标均为盗版　　机工教育服务网：www.cmpedu.com

逆向工程与 3D 打印技术是缩短产品再设计与制造周期的重要手段，在航空航天、汽车、家电、机械、医疗、文物保护等领域得到广泛使用。

逆向工程（Reverse Engineering），又称为反求工程、反向工程、抄数等，是产品原创设计过程中的一项高水平 CAD 三维建模技术。这个在 20 世纪 90 年代末期还鲜为人知的技术，仅仅用了不到 20 年的时间就迅速发展成为制造业中的一项"时尚"技术。它在产品（尤其是交通工具）设计领域的普及速度之快，简直可与数控技术在加工领域的普及速度相媲美。

3D 打印技术也称为"快速成形技术""增材制造技术"，是以三维设计的数据模型文件为基础，运用可黏合材料，通过逐层堆叠累积的方式构造与数据模型一致的物理实体的技术。3D 打印技术是新兴制造技术，体现了信息网络技术与先进材料技术、数字制造技术的密切结合，是先进制造业的重要组成部分，可以极大地提高各个领域中的工作效率。因此，3D 打印技术被誉为"第三次工业革命最具标志性的生产工具"。

在党的二十大报告中，明确提出要"推进新型工业化，加快建设制造强国、质量强国、航天强国、交通强国、网络强国、数字中国"，在智能制造领域，掌握逆向工程与 3D 打印技术，已经成为应用型人才必备的技能之一。

为推进产教融合、科教融汇，本书借鉴"项目驱动，任务引领"的教学模式，依据实际生产应用实例，将逆向工程与 3D 打印技术有机结合，实现"从零件到零件"。本书共包含 4 个项目。项目 1、项目 2 主要介绍逆向工程的技术背景、数据采集与处理、基于 Siemens NX 的逆向造型。项目 3、项目 4 主要介绍 3D 打印技术的背景、原理，以及 SLA、FDM、PolyJet、DLP、SLM 等主流 3D 打印技术在企业中的应用。

针对教学需要，本书配套有教学资源库及信息化教学工具（学呗课堂），内容丰富、形式多样，可方便自主学习及强化教学效果，推进教育数字化。

本书可作为高等职业院校逆向工程与 3D 打印技术课程教学与实训教材，也可供汽车、模具、机械、家电、玩具、装备等行业制造企业，以及工业设计公司的工程师参考使用。

本书由天津机电职业技术学院纪红编写，在编写过程中得到了杭州浙大旭日科技开发有限公司单岩教授和吴聪工程师的帮助。

限于编者的水平，书中必然会存在需要进一步改进和提高的地方，十分希望读者及专业人士提出宝贵意见与建议，以便今后不断加以完善。

编　者

目　录

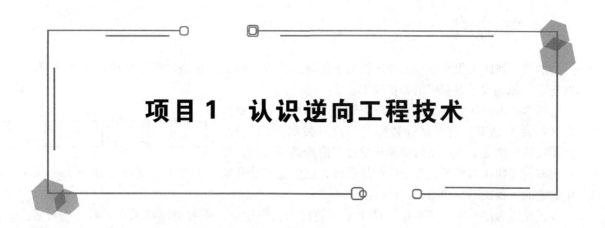

项目1 认识逆向工程技术

任务1 逆向工程介绍及应用

1.1.1 逆向工程技术简介

逆向工程（Reverse Engineering）的概念是从国外引进的，也有翻译为反求工程、反向工程等。

"正向"是事物发展的自然过程，也就是"起因→发展→结果"，或者"过去→现在→未来"；"逆向"则是根据事情的结果反推出它的起因和发展过程，也就是"结果→起因"，或者"现在→过去"。

国家标准 GB/T 31053—2014《机械产品逆向工程三维建模技术要求》对逆向工程的定义是："对产品实物进行测量、拟合、编辑和重构等一系列分析方法和应用技术。"逆向工程是指根据实物或样件完成设计，它不仅仅用于仿制，而且是许多产品（如车灯）原创设计中的重要技术手段，应用十分广泛。

逆向工程的本质是还原产品的设计意图，要"形似"，更要"神似"。学习逆向工程，应以培养正确的设计思路为主，其次才是建模方法和技巧。

1.1.2 逆向工程的应用

逆向工程在国内最初的发展几乎完全来自于制造业对产品仿制的强烈需求。然而，逆向工程并非制造业的"专利"，其应用领域非常广泛。

1）制造业：逆向工程技术在制造业不仅用于仿真，也同样广泛地应用于原创产品开发。

2）软件业：比如解析一个软件，使自己的系统能与之兼容。

3）仪器仪表：印制电路板有时需要破解，原因或许是原设计文档丢失或人员离职。

4）工艺美术：逆向工程使工艺美术大师们的作品（浮雕、雕塑）得以大量制造。

5）医疗：如植入的人造器官、义齿（假牙）、义肢等。

6）文物保护：为文物古迹提取数字化模型。

7）教育：数字化人体成为医学教育的重要资源。

8）其他的应用领域还有服装、材料、考古、地理、军事、展览、娱乐等。

事实上，国内许多企业在发展的初期，不可避免地会采用逆向工程技术对进口产品进行（部分）仿制，为企业节约了大量的研发资金，降低了市场风险，同时也有效地降低了产品的价格。

然而，逆向工程绝不是一种只能用于仿制的技术，相反，它是许多重要产品（如汽车、摩托车）原创设计过程中的必备技术。

通常，人们认为产品开发过程应该是从设计开始，到实物（产品）结束，这个过程被称为产品开发的正向过程。然而在许多情况下，产品的实际开发过程恰恰是相反的，即以现有的实物作为参考，来完成产品设计，这就是产品开发中的逆向工程技术，如图1-1所示。

图1-1　逆向工程的含义

正是因为定义中的"实物"两个字，使得人们将逆向工程与仿制联系在一起。不可否认，当实物是产品时，逆向工程确实有仿制的成分；然而，当实物不是产品，而是试样或产品模型时，逆向工程就不再是仿制。

很多重要产品的原创开发并不是简单地经过由设计到制造这样一个简单的过程。为最大程度减少产品开发的风险，需要在设计前期制作出产品的实物模型，通过对模型进行检验和修改，使其满足操作、外观、结构等方面的要求，然后以实物模型为依据，采用逆向工程技术完成产品最终设计，如图1-2所示。

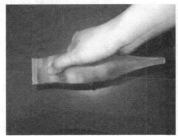

图1-2　逆向工程在原创设计中的应用：由实物模型到设计

许多汽车、摩托车的原创设计都需要采用逆向工程技术。图1-3是这类产品设计开发的简化流程。

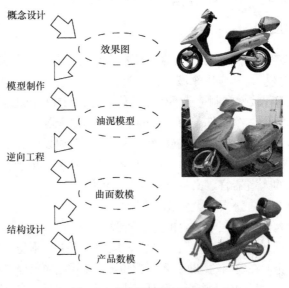

图1-3　产品原创设计流程图

1.1.3　逆向工程的思路

举一个简单的例子：一个立方体，在其 6 个面上各测量了 3 个点，共计 18 个点，如图 1-4a所示。现需利用这 18 个点，构建出这个立方体的三维数据模型。

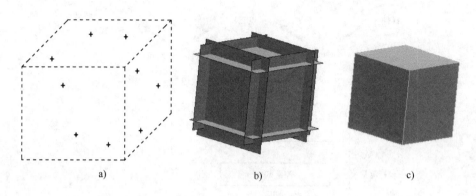

　　　　　a)　　　　　　　　　　　　b)　　　　　　　　　　　c)

图 1-4　立方体逆向建模

立即想到的做法可能是：

1）利用各面上测得的 3 个点构建出这 6 个平面，如图 1-4b 所示。

2）将这 6 个平面互相裁剪得到立方体，如图 1-4c 所示。

然而，由于测量的误差，并不能保证根据测量点构造的平面是互相垂直或平行的，也不能保证所构造的立方体的边长完全相等。因此，采用上述方式得到的并不是"真正的"立方体，不能体现出逆向工程的本质。

也就是说，在逆向工程中，要充分利用测量数据，但不能完全依赖它。由于样件变形、测量误差等因素，测量数据不能完全反映出产品的原设计意图，必然会有一定的偏差。因此，产品原设计意图只能通过主动设计去还原。

将图 1-4 示例的建模过程改进如下：

1）利用各面上测得的 3 个点，求出立方体的平均边长（利用 NX 等 CAD 软件可轻易做到这一点），并对边长数值进行圆整（假设边长为 10mm），力求还原当初的设计数据。

2）利用 CAD 软件，直接生成边长为 10mm 的立方体。

1.1.4　逆向工程实施流程

逆向工程的实施过程为：以实物为依据，采用适当的技术手段（测绘），完成产品设计（图样）。显然，这个过程包括测量和绘图两个环节，而"绘图"是个典型的逆向设计过程，它以测量结果为依据，思考并还原产品的设计意图，如图 1-5 所示。

随着三维测量及 CAD 技术的进步，测量工具已经升级为三坐标测量设备，而逆向设计工具也由二维绘图工具升级为三维造型 CAD 软件。图 1-6 所示为逆向工程实施流程。

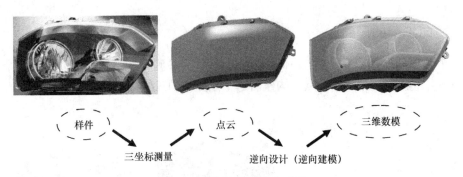

图 1-5 逆向工程的实施过程

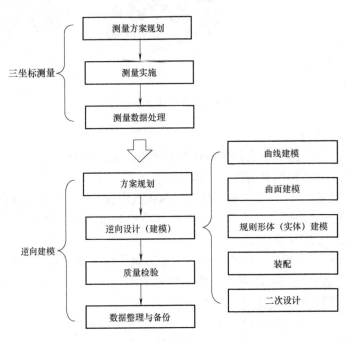

图 1-6 逆向工程实施流程

任务 2 逆向工程的系统组成

1.2.1 逆向工程系统

逆向工程系统按其实施流程可分为测量系统和设计系统，同时也可分为软件和硬件，见表 1-1。

表 1-1 逆向工程系统构成

	硬件	软件
测量系统	普通量具 坐标测量设备	测量设备配套软件
设计系统	计算机	三维 CAD 软件

普通量具包括：游标卡尺、塞规、R规、钢直尺、钢卷尺、游标万能角度尺等。

选择适合的装备对逆向工程的实施能力、品质和效率有重要的影响。构建逆向工程系统的关键是选择适合的三坐标测量设备和三维CAD软件。

1.2.2 坐标测量设备

制造业中，对外形比较简单的产品，可以用手工工具完成测量，如游标卡尺、R规、塞规、游标万能角度尺等。然而对于形状不规则的产品，尤其是具有复杂曲面外形的产品，以及大型产品如汽车、摩托车等，就无法再使用上述手工测量工具了。这时，就需要采用三坐标测量设备来完成产品形状的测量。

三坐标测量设备的测量结果是点云，如图1-7所示，这些点的集合反映出了产品的几何形状信息。

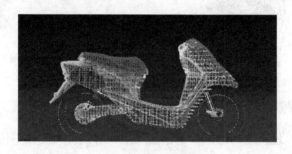

图1-7 三坐标测量点云

三坐标测量设备有以下两种常用的分类方式。

（1）接触式和非接触式 接触式是指测头与被测零件表面接触，如图1-8所示，不适于测量表面柔软或不能接触的零件。非接触式测量则是指测头与零件不接触，利用光学原理完成测量，如图1-9所示，经常需要在零件表面喷涂白色粉剂，以取得较好的测量效果。

接触式测量的精度一般高于非接触式测量，而测点密度则低于非接触式测量。此外，接触式测量的测量机理决定了其对微小结构、深缝、尖锐边缘等特殊区域的测量误差较大。

图1-8 测针测头及其关节臂   图1-9 激光扫描测头及其关节臂

（2）固定式和便携式 顾名思义，固定式测量设备因体积和重量较大，不易移动，只能将零件放置在其测量范围内完成测量，不能进入大型产品（如汽车）内部测量，如图 1-10 所示。而便携式测量设备则可方便地承担现场测量的任务，通过多次定位完成大型产品的测量，如图 1-11 所示。便携式测量设备的测量范围几乎没有限制，但多次定位会产生定位误差和数据拼接误差的累积。

图 1-10　固定式三坐标测量机　　　　图 1-11　便携式激光扫描仪

1.2.3　三维 CAD 软件

随着计算机图形处理技术的进步，如今已经很少有设计人员使用传统的图板和铅笔进行产品（逆向）设计，取而代之的是三维 CAD 软件。与三坐标测量设备一样，选择适合的三维 CAD 软件对逆向工程的效率和品质也有关键性的影响。

在选择适合的软件时，应从以下两个方面进行考察。

（1）是否与所开发的产品特征相匹配　产品的特征包括形状、精度、装配、工艺、使用功能等。例如，对结构尺寸精度要求非常高的机械产品，应该选择主流设计软件，如 NX、CATIA、Creo 等，以设计加建模的方式完成逆向设计；对曲面光顺性要求很高的产品，如汽车覆盖件，可以选用 Imageware 或 ICEM Surf 完成曲面建模；对于浮雕、工艺美术品等形状复杂、不规则、精度要求不高的产品，则应选用 CopyCAD、Geomagic、Rapidform 等软件，通过快速拟合点云的方式完成建模。

（2）是否与所处的行业需求相匹配　尽可能与行业惯用的软件保持一致，以减少数据转换可能带来的麻烦和损失。例如，汽车行业多采用 CATIA、NX 软件，模具行业多采用 NX、Cimatron、Creo 软件，而 3C 产品（计算机、通信类产品、消费类电子产品）则常常使用 Creo、NX 软件。

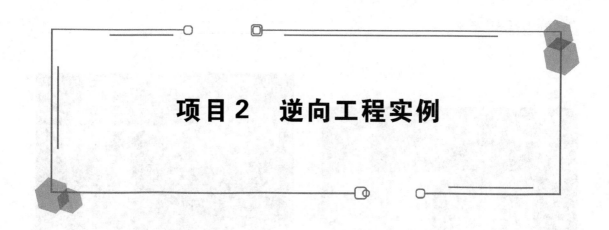

项目 2　逆向工程实例

任务 1　摩托车后视镜外壳逆向工程实例

摩托车后视镜外壳零件如图 2-1 所示。

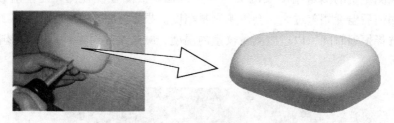

图 2-1　零件示意图

本任务以摩托车后视镜外壳零件为载体，使用移动桥式坐标测量机进行逆向数据采集，在 Siemens NX 10 软件中完成逆向建模。实施流程如图 2-2 所示。

图 2-2　实施流程

2.1.1　数据采集

用 BQMLE 系列 1077 型移动桥式坐标测量机进行逆向数据采集。

1. 测量前准备

1）用蘸有无水乙醇的无尘布擦拭机器导轨。导轨擦拭禁用任何性质的油脂，擦拭工具和温度计如图 2-3 所示。

2）检查是否有阻碍机器运行的障碍物。

3）零件检测时应满足下列环境要求：

室内温度：20℃ ±1℃，相对湿度：35% ~ 75%；测量机空压系统气压：0.45MPa 以上。

4）检查空压气管是否接好，气管是否漏气，如图 2-4 所示。气压低于规定值时，不准操作，否则会严重损坏机器。

图2-3　擦拭工具和温度计

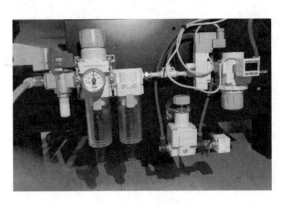

图2-4　检查气压

　　被测零件在检测之前，应先清洗、去毛刺，防止加工完成后零件表面残留的冷却液及加工残留物影响测量机的测量精度及测头的使用寿命。被测零件在测量之前应在室内保持恒温，如果检测前后温度相差过大，会影响测量精度。根据零件的大小、材料、结构及精度等特点，适当选择恒温时间，以适应测量仪室内温度，减少冷热对零件尺寸的影响。零件装夹如图2-5所示。

图2-5　零件的装夹

2. 三坐标测量机的操作

（1）开机操作

1）接通系统总电源。

2）接通控制系统电源，如图2-6所示。

3）首先将空压气管开关打开。

4）待气压正常后，打开计算机电源开关。

5）启动UCCserver软件。

6）启动RationalDMIS软件，打开操作盒上的急停按钮，如图2-7所示。

（2）测量

1）进入测量程序，依操作顺序及相关测量方法进行测量。

2）单击RationalDMIS软件右上方"回零"按钮，使3个坐标轴归零。

3）安装合适的测头，如图2-8所示，标定测头，如图2-9所示。

图2-6 接通控制系统电源

图2-7 打开操作盒上的急停按钮

图2-8 安装测头

图2-9 标定测头

4）建立新的测量项目，放置被测零件。

5）进行零件数据采集，记录测量数值，如图2-10a所示。

6）数据采集完成后，输出测量数据。如图2-10b所示，选择【输出CAD】/【IGES】命令，并指定输出路径，仅勾选【导出实际元素】，再单击【确认】，完成测量数据的输出。

7）退出测量程序。

8）取走零件。

（3）关机操作

1）将测头座A角转90°，B角转180°。

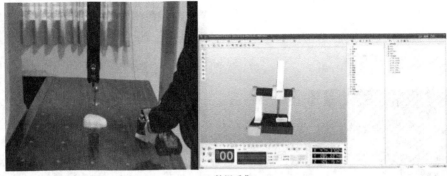

a) 数据采集

b) 测量数据输出

图 2-10　数据采集与测量数据输出

2）将 Z 轴运行至安全位置（不易被触碰的位置）。

3）按下操作盒上的急停按钮，关断电源。

4）退出测量软件的操作界面。

5）关闭计算机。

6）关闭气源、电源，如图 2-11 所示。

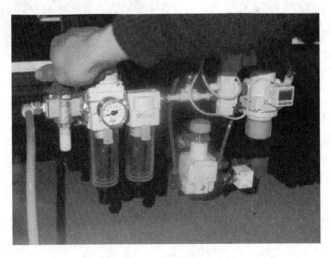

图 2-11　关闭气源开关

2.1.2　逆向建模

建模的方法需根据产品的几何特征灵活应变。例如，采用构造线制作单面时，构造线应为平面线，且所在平面与最终面基本垂直；构造线在满足过点情况下应尽量简单（线的阶数、段数尽量少）；面的控制顶点排列要整齐等。

后视镜外壳几何解构如图 2-12 所示。由图可知，后视镜外壳主要可以分为周边侧面、主体顶面、圆角处理 3 部分。

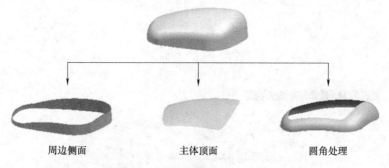

周边侧面　　　　　主体顶面　　　　　圆角处理

图 2-12　后视镜外壳几何解构

1. 确定基准

1）通过观察产品可知产品分型线位于壳体外侧底边，而产品底面显而易见为平面，由此可以得到底部平面的法线方向即为后视镜外壳的脱模方向，如图 2-13 所示。

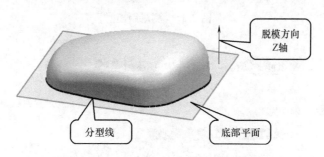

图 2-13　产品分型线、脱模方向示意

2）打开 Siemens NX 10 软件，单击【文件】/【导入】/【IGES】命令，将测量数据导入软件中。

3）单击【基本曲线】，关闭"线串模式"，通过【直线】命令，选择两点来绘制基准面的截面线。

4）通过【曲线长度】命令，适当延长截面线，使其超过点数据。

5）单击【拉伸】命令，拉伸矢量选择"两点"，如图 2-14 所示。

6）完成平面绘制后，可通过【测量距离】命令，分析平面与点数据的误差，如图 2-15 所示。尤其要注意角落数据，尽可能把点数据的误差控制在 0.3mm 以内。

7）双击工作坐标系，将工作坐标系的原点放置到新建的平面上（选择面上的点）。单击 Z 轴手柄，再单击平面，使 Z 轴垂直于该平面，完成 Z 轴设置，如图 2-16 所示。

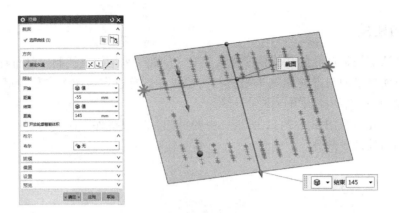

图 2-14　拉伸

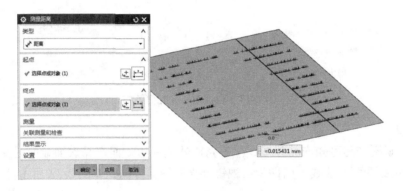

图 2-15　测量距离

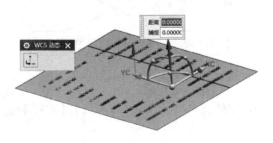

图 2-16　Z 轴设置

8）由于后视镜外壳除基准平面外主要由曲面和圆角构成，所以可根据较长两侧面的底边构造直线，求出两者的角平分线即为产品 X 轴，如图 2-17 所示。

通过【基本曲线】命令，勾选"无界"，选择最长轮廓边较远的两个点绘制直线。另一侧面以同样的方法创建直线，如图 2-18 所示。

通过【投影】命令，将绘制的两条直线投影到平面上。通过【基本曲线】命令，将"点方法"改为"自动判断的点"，选择两条投影获得的直线，定义出平分线。将 X 轴设置为平行于平分线，如图 2-19 所示。

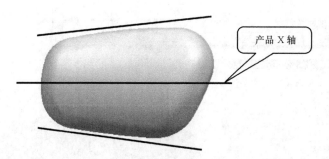

图 2-17 后视镜外壳 X 轴确定

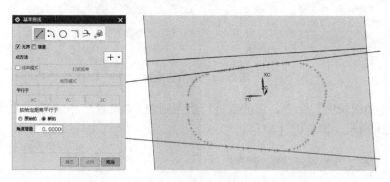

图 2-18 创建直线

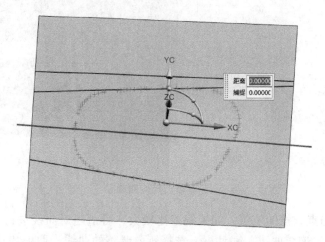

图 2-19 将 X 轴设置为平行于平分线

9）通过【基本曲线】命令，分别绘制出 X、Y、Z 方向的基准轴，如图 2-20 所示。

2. 制作周边侧面

1）使用【投影曲线】命令，将分型轮廓点侧面共 4 个位置的点数据，投影至 Z 方向的基准平面（注意：避免选择圆角的点）。

2）通过【基本曲线】命令，选择"圆弧"，将"点方法"改为"现有点"。分别绘制出 4 个方向的轮廓线。

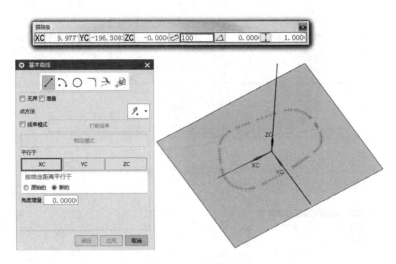

图 2-20　绘制基准轴

3）通过【曲线长度】命令，对曲线进行适当延伸，"设置"中"输入曲线"选择"替换"，如图 2-21 所示，再单击【应用】。

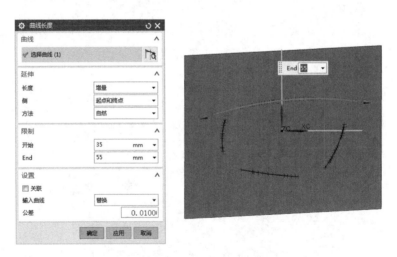

图 2-21　延伸曲线

4）观察曲线与点数据的位置，如果偏差比较大，可适当对曲线进行调整。通过【连结曲线】命令，打开"连结曲线"对话框，选择所要调整的曲线，取消勾选"关联"，"输入曲线"改为"替换"，单击【确定】，将圆弧均修改成样条曲线，如图 2-22、图 2-23 所示。

通过【基本曲线】命令中的"编辑曲线参数"功能，选择样条曲线，单击【适合窗口】后，"拟合方法"选择"根据分段"，"曲线阶次"改为"3"阶，如图 2-24 所示。通过【编辑极点】命令，进行微定位的调整，拖动控制点，如图 2-25 所示。

5）单击【拉伸】命令，并通过【在相交处停止】命令选择单条曲线，进行拉伸，保证拉伸高度超过点数据。布尔运算为"无"。对四周的面进行拔模，选择"从起始限制"，角度暂时设为"3°"（可根据实际测量结果调整），单击【确定】，如图 2-26 所示。

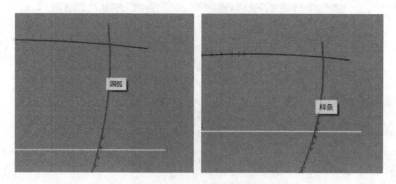

图 2-22 圆弧修改成样条曲线

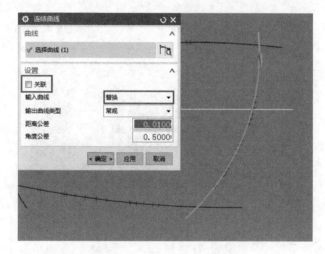

图 2-23 "连结曲线"对话框

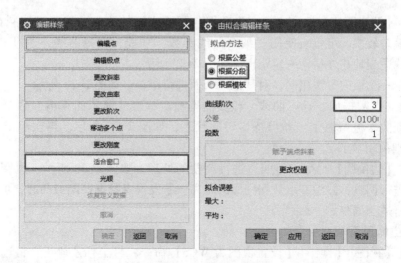

图 2-24 编辑样条设置

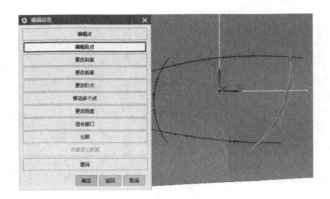

图 2-25　编辑极点

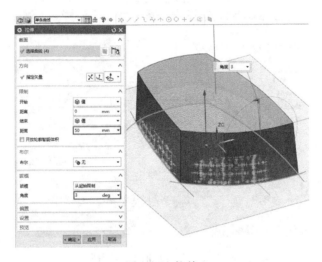

图 2-26　拉伸

6）通过【测量距离】命令，检查点数据与平面之间的距离，将距离控制在 0.3mm 以内。若发现偏差较多，可重新使用"编辑曲线参数"功能，选择曲线，通过【编辑极点】命令，将曲线适当地往外移动一定距离，如图 2-27 所示。

与检查第一个面的方法相同，对其他几个面进行检查，如图 2-28 所示。

7）调整完点数据后，选中曲线，检查曲率梳。单击【显示曲率梳】命令，显示曲率梳，尽量保证曲率梳像梳子一样保持均匀的状态，如图 2-29 所示。再次单击【显示曲率梳】命令，则关闭显示。

8）通过【边倒圆】命令，对四边进行圆角的处理，如图 2-30 所示。边倒圆的大小可根据点数据进行调整，并检查点数据到面的距离。若发现点数据凹陷或凸起，可对拉伸出实体的曲线进行适当调整。

3. 制作主体顶面

1）通过【视图】/【操作】/【设置视图为 WCS】命令，将坐标系放正。将选取工具选择为"套索"，选择顶部点数据。选取过程中，尽量不要选取圆角处的点数据，如图 2-31 所示。

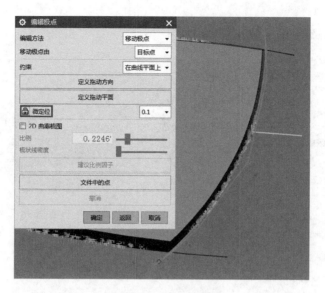

图 2-27 微定位调整

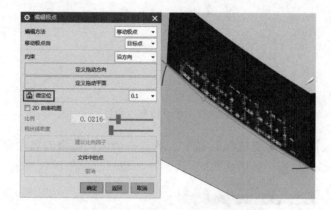

图 2-28 对其他面进行检查调整

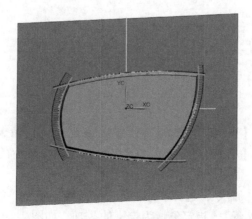

图 2-29 显示曲率梳

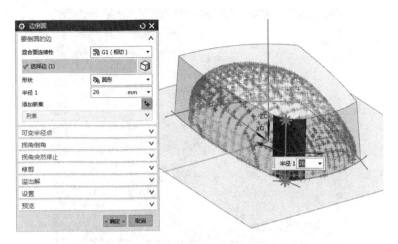

图 2-30　边倒圆

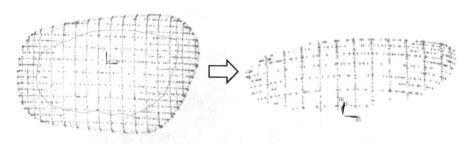

图 2-31　选取顶部点数据

2）通过【格式】/【组】/【新建组】命令，新建一个组，将组的名称命名为"顶面"，选择对象为选取的顶部点数据，如图 2-32 所示。

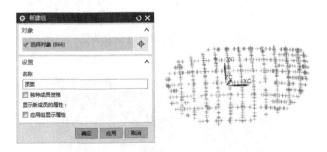

图 2-32　新建组

3）调整坐标。通过【视图】/【操作】/【设置视图为 WCS】命令，将坐标系放正（尽量保证两端水平），并通过【格式】/【WCS】/【保存】命令对调整后的坐标系保存，如图 2-33 所示。

4）单击【拟合曲面】命令，选择"组"（之前已经创建组，如未创建则无法选择数据点），"拟合方向"为"矢量"，指定矢量为定义的 Z 轴，如图 2-34 所示。

5）观察发现生成的曲面不太理想，需进行调整。

图 2-33　坐标系放正并保存坐标系

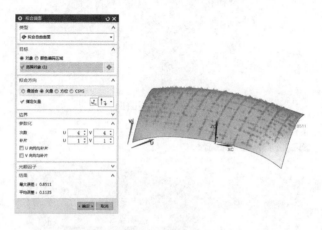

图 2-34　拟合曲面

单击【图层设置】命令，显示侧面实体，再通过【扩大】命令，使曲面超出侧面，取消勾选"编辑副本"选项，如图 2-35 所示。

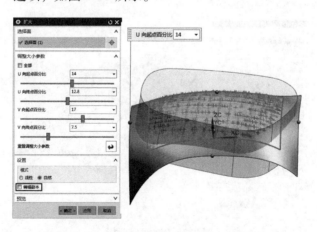

图 2-35　扩大曲面

单击【X 型】命令，对曲面进行调整。保证控制点尽量成拱形状态，如图 2-36 所示。调整过程通过【测量距离】命令，进行距离的检测。

6）显示侧面实体，并单击【修剪体】命令，"目标"选择侧面，"工具"为之前调整的顶面，用创建的顶面修剪侧面，如图 2-37 所示。

7）单击【截面分析】命令，"截面放置"选择"均匀"，"截面对齐"选择"等参数"。观察曲率梳是否呈均匀的拱形，如图 2-38 所示。

图2-36　调整曲面

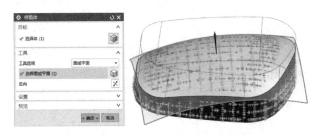

图2-37　修剪侧面

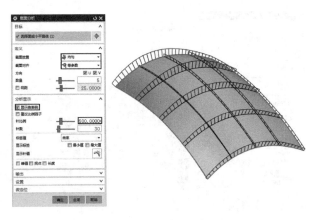

图2-38　做截面分析

4. 圆角及后处理

1）单击【边倒圆】命令，设置倒圆半径，并通过"可变半径点"栏中的选项调整可变圆角，如图2-39所示。完成后通过【测量距离】命令检查点数据与面之间的距离。

2）单击【抽壳】命令，选择底面作为抽壳面，厚度设置为"2mm"，单击【确定】，结果如图2-40所示。

3）后视镜外壳逆向建模完成后，需进行数据整理，结果如图2-41所示。

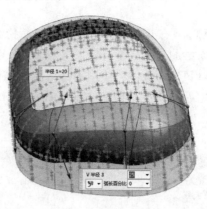

图 2-39　边倒圆

图 2-40　抽壳

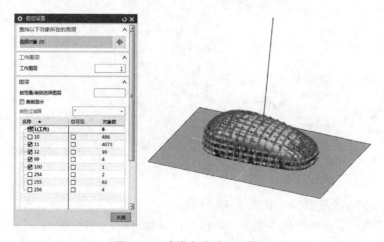

图 2-41　建模完成并整理数据

任务2　无叶风扇逆向工程实例

无叶风扇也称为空气增倍机，它能产生自然持续的凉风，因无叶片，不会覆盖尘土或造成人身伤害，更奇妙的是其造型奇特。

本任务以无叶风扇为载体，使用手持激光扫描仪 BYSCAN510 进行扫描，使用 Geomagic Design X 作为数据处理软件，最后在 Siemens NX 10 中完成逆向建模。实施流程如图 2-42 所示。

图 2-42　实施流程

2.2.1　数据采集

1. 扫描仪标定

当设备长期不用或者经过长途运输发生过振动时，需进行标定。一般情况下，一次标定后可以长期使用。标定步骤如下。

1）打开扫描仪 BYSCAN510 的配套扫描软件 ScanViewer，单击【快速标定】按钮，如图 2-43 所示。

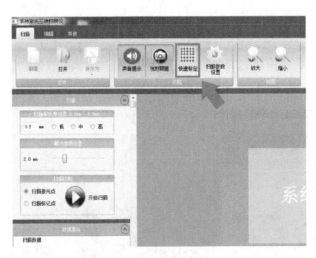

图 2-43　单击【快速标定】

单击后出现快速标定界面，如图 2-44 所示。

2）将标定板放置在稳定的平面上，扫描仪正对标定板，距离为 30cm，按下扫描仪上由上往下的第 3 个按键（以下统称扫描键），发出激光束（以 3 条平行激光束为例），如图 2-45 所示。

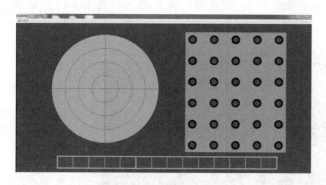

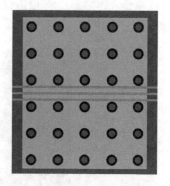

图 2-44　快速标定界面

图 2-45　3 条平行激光束

3）控制扫描仪角度，调整扫描仪与标定板的距离，使左侧的阴影圆重合；在保证左侧阴影圆基本重合的状态下，在扫描仪所处的水平面上不改变角度，水平移动扫描仪，使右侧的梯形阴影重合，如图 2-46 所示。

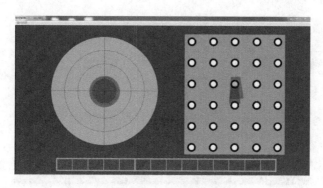

图 2-46　使左、右侧阴影重合

4）右侧 45°标定：将扫描仪向右倾斜 45°，激光束保持在第 3 行与第 4 行标记点之间，使阴影重合，如图 2-47 所示。

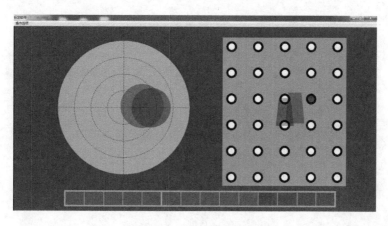

图 2-47　右侧 45°标定

5）左侧 45°标定：将扫描仪向左倾斜 45°，激光束保持在第 3 行与第 4 行标记点之间，使阴影重合，如图 2-48 所示。

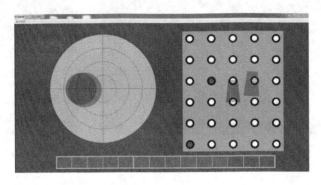

图 2-48　左侧 45°标定

6）上侧 45°标定：将扫描仪向上倾斜 45°，激光束保持在第 3 行与第 4 行标记点之间，使阴影重合，如图 2-49 所示。

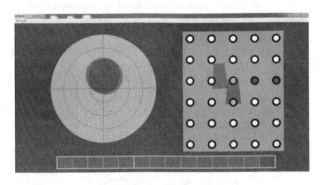

图 2-49　上侧 45°标定

7）下侧 45°标定：将扫描仪向下倾斜 45°，激光束保持在第 3 行与第 4 行标记点之间，使阴影重合，如图 2-50 所示。

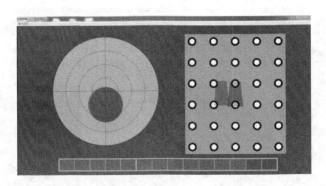

图 2-50　下侧 45°标定

8）完成上述所有标定步骤后，界面提示如图 2-51 所示。单击右上角关闭按钮，关闭标定窗口，标定到此完成。

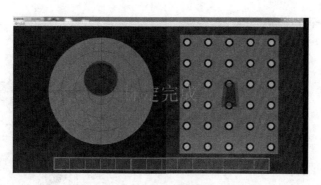

图 2-51　标定完成

2. 贴标记点

将标记点均匀且无规律地粘贴在无叶风扇上，标记点之间的距离应为 30~50mm，标记点距细节特征的距离应大于 10mm，如图 2-52a 所示。无叶风扇由上、下两部分组成，在这两个部分的内、外表面上均要粘贴标记点，如图 2-52b、c 所示。

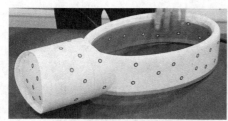

a) 整体标记点　　　　　　　　　b) 上半部分标记点　　　　　c) 下半部分标记点

图 2-52　粘贴标记点

3. 扫描标记点

扫描无叶风扇的步骤大致可以分为 4 步：①扫描无叶风扇整体上的标记点；②扫描无叶风扇整体；③扫描无叶风扇的上半部分；④扫描无叶风扇的下半部分。

使用手持激光扫描仪 BYSCAN510 扫描物体时，有标记点和激光点（通过激光扫描得到物体表面的离散点）两个选项，可以直接扫描激光点，也可以先扫描标记点再扫描激光点，后一种方法的扫描精度更高，而且扫描过程中过渡方便，所以这里先扫描标记点。

1）打开扫描仪 BYSCAN510 的配套扫描软件 ScanViewer，单击【扫描参数设置】按钮，弹出如图 2-53 所示的对话框。无叶风扇是白色，所以在"扫描物体类型"选项中选择"浅色物体"，最后单击【确定】。

2）在扫描控制面板中将扫描解析度设置为"1.0mm"，曝光参数设置为"1.0ms"，如图 2-54 所示。扫描解析度越小，扫描细节越丰富，数据量也越大。根据扫描对象设置不同的曝光参数（激光亮度）：当扫描物体反光时，在参数设置中勾选"黑色物体"，曝光参数调至 6.0 左右；当扫描物体颜色较深时，在参数设置中勾选"黑色物体"，曝光参数调至 3.0 左右；其余情况（如浅色物体）下，采用软件打开时的默认值即可。选择"标记点"并单击【开始】按钮，开始扫描标记点。

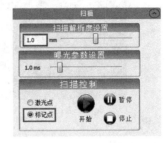

图 2-53 "扫描参数设置"对话框   图 2-54 扫描参数设置

3）将扫描仪正对无叶风扇，距离为300mm左右，按下扫描仪上的扫描键，开始扫描标记点。图2-55所示为扫描标记点时的软件界面。

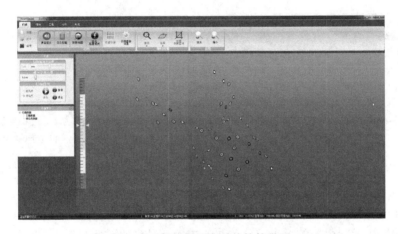

图 2-55 扫描标记点时的软件界面

4）标记点扫描完成后，单击【编辑】选项卡中的【保存】按钮，在弹出的下拉列表中选择【标记点文件（*.UMK）】，如图2-56所示，弹出"另存为"对话框，选择保存路径并输入文件名后，单击【保存】按钮。

4. 扫描无叶风扇整体

1）打开 ScanViewer 软件，单击【扫描】选项卡中的【打开】按钮，打开之前保存的".umk"格式的标记点文件，导入标记点。

2）在扫描控制面板中将扫描解析度设置为"0.4mm"，曝光参数设置为"1.0ms"，如图2-57所示。选择"激光点"并单击【开始】按钮，在弹出的下拉列表中选择【红光】，开始扫描无叶风扇整体。

3）将扫描仪正对无叶风扇，距离为300mm左右，按下扫描仪上的扫描键开始扫描，如图2-58所示。

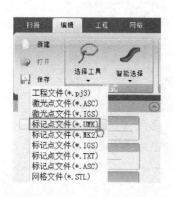

图 2-56　保存为标记点文件

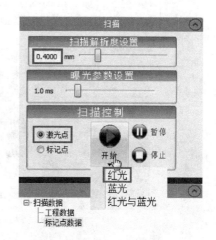

图 2-57　扫描参数设置

4）扫描过程中不可避免地将垫块、支架等无关物体也扫描进去，必要时按下扫描仪上的扫描键停止扫描，再单击扫描软件上的【暂停】按钮，然后使用套索工具选择无关的数据，按下键盘上的 Delete 键将其删除，如图 2-59 所示。

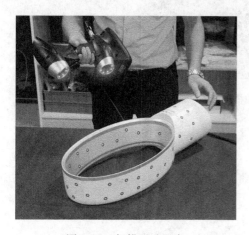

图 2-58　扫描无叶风扇

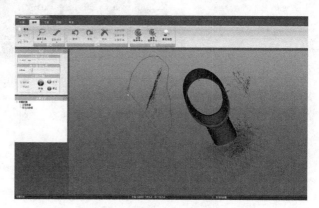

图 2-59　删除无关数据

5）删除无关数据后，单击【开始】按钮，然后按下扫描仪上的扫描键继续扫描。按下扫描仪上的视窗放大键，可以放大视图，从而便于观察扫描区域，如图 2-60 所示。同样地，按下扫描仪上的视窗缩小键，可以缩小视图。

6）对于深孔、细小结构等较难扫描的部位，可以双击扫描仪上的扫描键，切换到单束光扫描模式，如图 2-61 所示。

7）扫描完成后，先按下扫描仪上的扫描键停止扫描，再单击 ScanViewer 中的【停止】按钮。用套索工具将被扫描进去的无关数据删除。

8）单击【工程】选项卡中的【生成网格】按钮，系统开始生成网格，并显示进度条，生成的无叶风扇整体的网格模型如图 2-62 所示。

9）单击【网格】选项卡中的【保存】按钮，在弹出的下拉列表中选择【网格文件

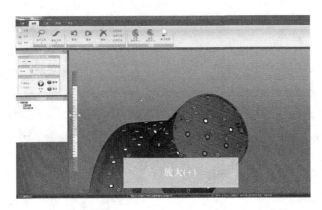

图 2-60　继续扫描无叶风扇

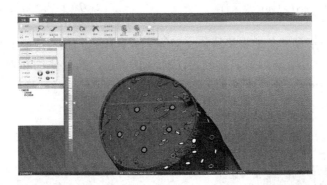

图 2-61　单束光扫描

（＊.STL）】，如图 2-63 所示，弹出"另存为"对话框，选择保存路径并输入文件名"无叶风扇"后，单击【保存】按钮。

图 2-62　无叶风扇整体的网格模型

图 2-63　保存为 STL 文件

5. 扫描无叶风扇上半部分

1）打开 ScanViewer 软件，单击【扫描】选项卡中的【打开】按钮，打开之前保存的".umk"格式的标记点文件，导入标记点。

2）在扫描控制面板中将扫描解析度设置为"0.4mm"，曝光参数设置为"1.0ms"，选择"激光点"并单击【开始】按钮，在弹出的下拉列表中选择【红光】。将扫描仪正对无叶风扇的上半部分，距离为300mm左右，按下扫描仪上的扫描键开始扫描。

3）扫描过程中不可避免地将垫块、支架等无关物体也扫描进去，需要时可以先暂停扫描，使用套索工具选择无关的数据，按下键盘上的Delete键将其删除。对于深孔、细小结构等较难扫描的部位，可以双击扫描仪上的扫描键，切换到单束光扫描模式，如图2-64所示。

4）扫描完成后，先按下扫描仪上的扫描键停止扫描，再单击ScanViewer中的【停止】按钮。用套索工具将无关数据删除。

5）单击【工程】选项卡中的【生成网格】按钮，系统开始生成网格，并显示进度条，生成的无叶风扇上半部的网格模型如图2-65所示。

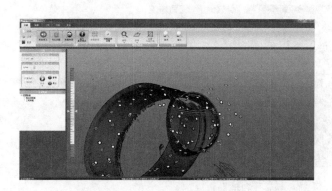

图2-64 扫描无叶风扇上半部分

图2-65 无叶风扇上半部分的网格模型

6）单击【网格】选项卡中的【保存】按钮，在弹出的下拉列表中选择【网格文件（*.STL）】，弹出"另存为"对话框，选择保存路径并输入文件名"无叶风扇-上部分"后，单击【保存】按钮。

6. 扫描无叶风扇下半部分

1）将无叶风扇的下半部分放置在辅助板上。

2）打开ScanViewer软件，单击【扫描】选项卡中的【打开】按钮，打开之前保存的".umk"格式的标记点文件，导入标记点。

3）在扫描控制面板中将扫描解析度设置为"0.5mm"，曝光参数设置为"1.0ms"，选择"激光点"并单击【开始】按钮，在弹出的下拉列表中选择【红光】，如图2-66所示。将扫描仪正对无叶风扇的下半部分，距离为300mm左右，按下扫描仪上的扫描键开始扫描，如图2-67、图2-68所示。

4）扫描过程中可暂停扫描，使用套索工具将扫描到的辅助板等无关数据删除，如图2-69所示。

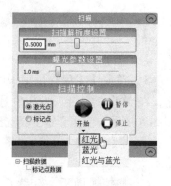

图2-66 扫描参数设置

图 2-67　扫描无叶风扇下半部分和辅助板（一）

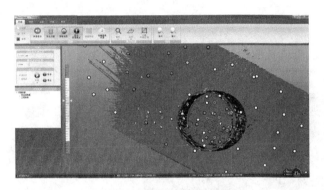

图 2-68　扫描无叶风扇下半部分和辅助板（二）

图 2-69　删除辅助板等无关数据

5）单击【工程】选项卡中的【操作对象】按钮，在弹出的下拉列表中选择【标记点】，如图 2-70 所示，使用套索工具选择辅助板上的标记点并按下键盘上的 Delete 键将其删除，如图 2-71 所示。

6）撤掉辅助板，继续扫描底部，如图 2-72 所示。对于深孔、细小结构等较难扫描的部位，可以双击扫描仪上的扫描键，切换到单束光扫描模式，如图 2-73 所示。

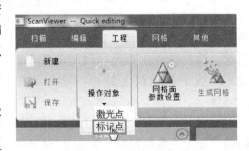

图 2-70　选择【标记点】

图 2-71　选择辅助板上的标记点并将其删除

图 2-72　继续扫描底部

7）扫描完成后，先按下扫描仪上的扫描键停止扫描，再单击 ScanViewer 中的【停止】按钮，然后用套索工具将无关数据删除。

8）单击【工程】选项卡中的【生成网格】按钮，系统开始生成网格，并显示进度条，生成的无叶风扇下半部分的网格模型如图 2-74 所示。

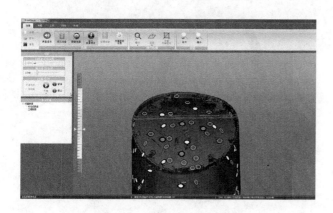

图 2-73　单束光模式扫描深孔等部位

图 2-74　无叶风扇下半部分的网格模型

9）单击【网格】选项卡中的【保存】按钮，在弹出的下拉列表中选择【网格文件（＊.STL)】，弹出"另存为"对话框，选择保存路径并输入文件名"无叶风扇-下部分"后，单击【保存】按钮。

2.2.2　数据处理

1）导入数据模型。打开 Geomagic Design X 软件，单击界面左上方的【导入】按钮，分别导入无叶风扇上半部分和下半部分的 STL 模型，导入后如图 2-75 所示。由于在扫描时采用了先扫描标记点再扫描激光点的方法，所以无叶风扇的上、下两部分是对齐的。

2）在模型特征树中关闭"无叶风扇-下部分"前面的图标将其隐藏，并选择"无叶风扇-上部分"，如图 2-76 所示。

3）用"修补精灵"来检索面片模型上的缺陷，如重叠单元面、悬挂的单元面、非流形单元面等，并自动修复各种缺陷。单击【多边形】选项卡中的【修补精灵】按钮，弹出"修

图 2-75　导入无叶风扇上半部分和下半部分的 STL 模型　　图 2-76　隐藏无叶风扇下半部分

补精灵"对话框，如图 2-77 所示。软件会自动检索面片模型中存在的各种缺陷，单击"OK"按钮☑，软件自动修复检索到的缺陷。

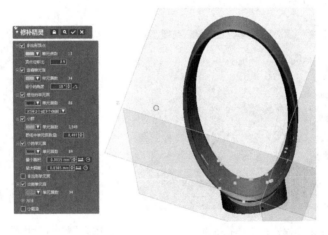

图 2-77　"修补精灵"对话框

4）用"加强形状"功能锐化面片上的尖锐区域（棱角），同时平滑平面或圆柱面区域，以提高面片的质量。单击【多边形】选项卡中的【加强形状】按钮，弹出图 2-78 所示的对话框。"锐度"指针设置执行锐化的尖锐区域范围；"整体平滑"指针设置执行平滑的圆角区域范围；"加强水平"指针设置执行操作的迭代次数。这里保持默认的参数设置，单击"OK"按钮完成操作。

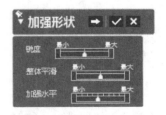

图 2-78　"加强形状"对话框

5）面片的优化。根据面片的特征形状，设置单元边线的长度和平滑度来优化面片。如图 2-79 所示，单击【多边形】选项卡中的【面片的优化】按钮，弹出如图 2-80 所示的对话框，保持默认的参数设置，单击"OK"按钮完成操作。图 2-81 所示为面片优化前后的对比。

图 2-79 单击【面片的优化】按钮　　　　图 2-80 "面片的优化"对话框

a) 画片优化之前　　　　　　　　b) 画片优化之后

图 2-81 面片的优化效果对比

工具栏中的【面片显示】命令主要用来更改面片的渲染模式，如图 2-82 所示。单击【面片显示】右边的下拉箭头，可以看到共有 7 种渲染模式，分别是：

图 2-82 面片显示

"点集"：面片仅显示为单元点集。

"线框"：面片仅显示为单元边界线。

"渲染"：面片仅显示为渲染的单元面。

"边线渲染"：面片显示单元边界线的渲染单元面。

"曲率"：打开或关闭面片曲率图的可见性。

"领域"：打开或关闭领域的可见性。

"几何形状类型"：改变领域显示，将所有领域类型按不同颜色分类。

6）平滑。通过平滑操作可以消除面片上的杂点，降低面片的粗糙度。操作可以用于整个面片，也可以用于局部选定的单元面。单击【多边形】选项卡中的【平滑】按钮，弹出图2-83所示的对话框，保持默认的参数设置，单击"OK"按钮完成操作。

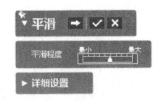

图2-83 "平滑"对话框

7）填孔。由于无叶风扇上半部分模型中存在孔洞，所以需对其进行填孔修复。单击【多边形】选项卡中的【填孔】按钮，弹出"填孔"对话框，保持默认的参数设置，并选择需要填补的孔洞，单击"OK"按钮完成操作。

8）输出为STL文件。单击【菜单】/【文件】/【输出】命令，选择特征树中的"无叶风扇-上部分"，单击"OK"按钮，如图2-84所示；在弹出的"输出"对话框中，选择保存类型为"Binary STL File（∗.stl）"并输入文件名"无叶风扇-上部分修补"，单击【保存】按钮，如图2-85所示。

图2-84 "输出"对话框

图2-85 输出为STL格式

9）显示无叶风扇下半部分，并隐藏无叶风扇上半部分，同样依次采用【修补精灵】、【加强形状】、【面片的优化】和【平滑】命令对其进行优化。对于模型中存在的图2-86所示的缺陷，可以采用先删除该部分区域再填孔的方式进行修复。对于图2-87所示的缺陷，使用【智能刷】工具对其进行修复。优化和修复完成后，将其输出为STL文件，文件名为"无叶风扇-下部分修补"。

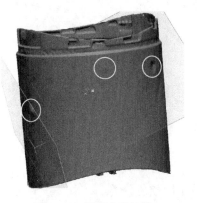

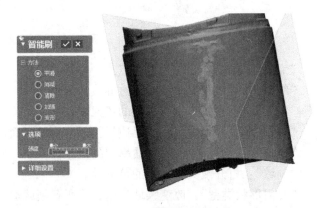

图2-86 模型中的缺陷

图2-87 智能刷修复缺陷

2.2.3 逆向建模

无叶风扇产品的分析大致如下：

1）产品不存在复杂的曲面，大部分特征可以通过拉伸、拔模、倒圆角等来完成。

2）产品由上、下两部分组成，所以建模时应综合考虑两者的配合关系。

3）对于产品的诸多特征需制定规范，如特征的高度、宽度应尽量做成小数点后圆整一位的数值，筋板设计成横平竖直或与基准坐标轴成一定角度等。

4）数据模型制作完成后，各区域应都符合脱模的要求，以保证成形后产品能顺利脱模。所以在设计过程中，应根据产品各区域的脱模方向在相应位置设置脱模斜度。脱模斜度的大小可参考测量数据，但必须保证脱模斜度≥0.5°。

无叶风扇的几何解构如图2-88所示。从图中可以观察到产品由上、下两部分组成。上部分又可细分为椭圆和基座两部分。下部分又可分解为主体、装配特征和底部特征等三部分。

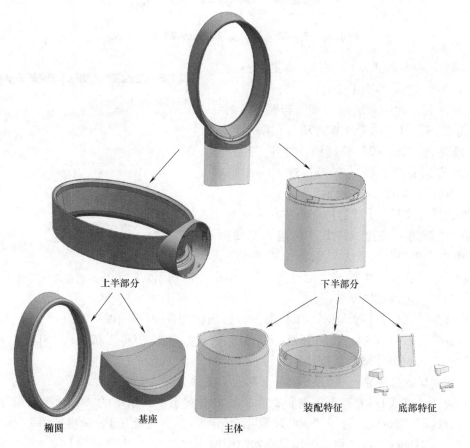

图2-88 无叶风扇几何解构

1. 确定产品基准

通过观察该产品，确定基准位于椭圆中心（图2-89a）并且位于圆柱面的中心（图2-89b）。

a) b)

图 2-89 无叶风扇产品基准

脱模方向在塑料件制作中占有重要地位，是设计塑料模具最先考虑的问题，它直接影响塑料制件在模具中成型后能否顺利取出。初步判断无叶风扇上半部分的分型线位于产品的对称平面上，脱模方向如图 2-90 所示。

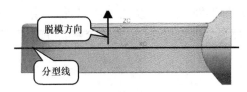

图 2-90 无叶风扇上半部分的分型线和脱模方向

1）打开 Siemens NX 10 软件。本逆向造型实例在 NX 经典工具条界面下进行。

从 NX9 开始使用 Ribbon 界面，若要切换到经典工具条界面，可以选择【首选项】/【用户界面】命令，或按下"Ctrl + 2"快捷键，打开"用户界面首选项"对话框，在【布局】选项卡中选择"经典工具条"，如图 2-91 所示。

2）选择【文件】/【新建】命令或单击标准工具条中的"新建"按钮，弹出"新建"对话框。在对话框中"单位"设置为"毫米"，"模板"选择"模型"，"名称"中输入"无叶风扇"，单击【确定】按钮，进入建模模块。

图 2-91 "用户界面首选项"对话框

3）选择【文件】/【导入】/【STL】命令，弹出如图 2-92 所示的"STL 导入"对话框。单击"浏览"按钮，选择"无叶风扇-上部分"文件，单击"OK"按钮；"STL 文件单位"选择"毫米"，单击【确定】按钮。

4）用同样的方法导入"无叶风扇-下部分"文件。

5）选择【格式】/【移动至图层】命令，或单击实用工具条中的"移动至图层"按钮，弹出"类选择"对话框。选择"无叶风扇-上部分"，单击【确定】，弹出如图 2-93 所示的"图层移动"对话框。在"目标图层或类别"中输入"15"，单击【确定】。

6）用同样的方法将无叶风扇的下部分移动至25层，将基准坐标系移动至250层。

7）选择【首选项】/【选择】命令，弹出如图 2-94 所示的"选择首选项"对话框；"选择规则"选择"内侧/交叉"，单击【确定】。这样位于选择区域的边界内部或与选择区域相交的物体都能被选中。

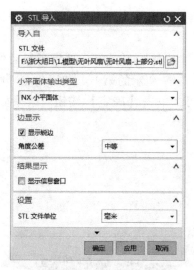

图 2-92 "STL 导入"对话框

图 2-93 "图层移动"对话框

8）按下快捷键"Ctrl + L"，打开"图层设置"对话框，仅显示第 15 层。

9）选择【首选项】/【背景】命令，将背景颜色改为白色。

10）按下快捷键"Ctrl + J"，弹出"类选择"对话框，选择"无叶风扇-上部分"后单击【确定】，将无叶风扇上部分的颜色改为深灰色。

11）单击曲线工具条中的"基本曲线"按钮，弹出如图 2-95 所示的"基本曲线"对话框，选择创建类型为"直线"，"点方法"选择"点构造器"。在选择条中的捕捉点选项中选中"点在面上"。选择两个点创建一条直线，如图 2-96 所示。

图 2-94 "选择首选项"对话框

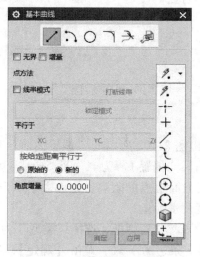

图 2-95 "基本曲线"对话框

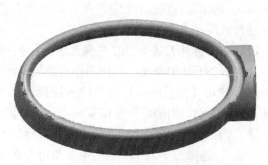

图 2-96 创建一条直线

12）单击编辑曲线工具条中的"曲线长度"按钮，选择图2-96中创建的直线，延长直线长度。

13）单击特征工具条中的"拉伸"按钮，弹出"拉伸"对话框。选择延长后的直线作为拉伸对象，"指定矢量"为"两点"，依次选择图2-97所示的第1点和第2点。用鼠标拖动"起始"和"结束"控制点，超出STL模型即可，单击【确定】按钮。结果如图2-98所示。

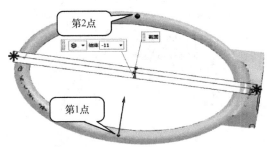

图2-97　两点确定拉伸方向

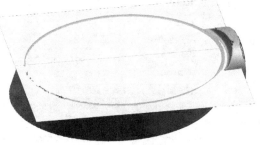

图2-98　创建的拉伸面

14）单击标准工具条中的"移动对象"按钮，弹出如图2-99所示的"移动对象"对话框。选择图2-98中的直线作为要移动的对象，"运动"选择"距离"，"指定矢量"选择"自动判断的矢量"，选择拉伸面后系统自动判断矢量方向为拉伸面的法线方向，输入距离值为"0.2mm"，选择"移动原先的"，单击【应用】。检查拉伸面与小平面体是否贴合：如果贴合，则单击【取消】退出"移动对象"对话框；反之，继续调整距离。

15）双击图2-98中创建的拉伸面，"拔模"选择"从截面"，"角度"为"-0.1°"，如图2-100所示，单击【确定】。

16）单击实用工具工具条中的"测量距离"按钮，测量拉伸面到STL模型面上超出该拉伸面部分面上点的距离，如图2-101所示，允许误差为0.5mm。如果误差值超出允许误差，则继续对该拉伸面进行修改。

图2-99　"移动对象"对话框

17）单击特征工具条中的"偏置曲面"按钮，弹出图2-102所示的"偏置曲面"对话框，选择图2-100中创建的拉伸面作为要偏置的面，输入"偏置1"为"-96.5mm"，单击【确定】。使用【测量距离】命令检查拉伸面到STL模型面上点的距离，如果大于0.5mm，如图2-103所示，则继续调整偏置距离，直到满足精度要求为止。

18）选择【格式】/【WCS】/【定向】命令，弹出"CSYS"对话框，选择"类型"为"X轴，Y轴"，选择图2-104所示的第1条边为X轴，第2条边为Y轴，单击【确定】，创建

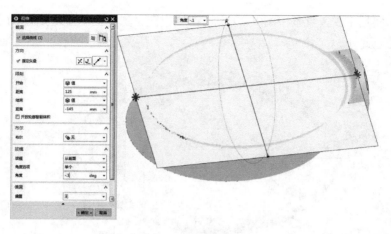

图 2-100　修改拉伸参数

的工作坐标系如图 2-104 所示。如果没有显示坐标系，可以单击【格式】/【WCS】/【显示】命令。

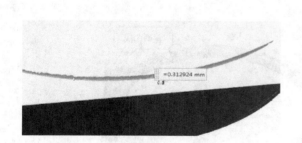

图 2-101　测量拉伸面到 STL 模型面上点的距离

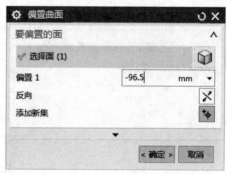

图 2-102　"偏置曲面"对话框

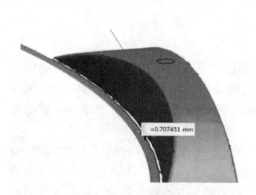

图 2-103　测量拉伸面到 STL 模型面上点的距离

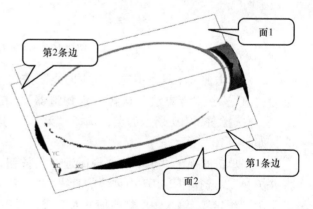

图 2-104　创建工作坐标系

19）按下快捷键"Ctrl + B"，弹出"类选择"对话框，选择图 2-104 所示的两个面后单击【确定】，这两个面被隐藏。单击视图工具条中的"将视图设置为 WCS"按钮，将工作视图定向到 WCS 的 XC-YC 平面。

20）单击实用工具工具条中的"WCS 原点"按钮，选择图 2-105 所示的点，将工作坐标系原点移动至此处。

图 2-105　移动 WCS 原点

21）单击曲线工具条中的"截面曲线"按钮，弹出"截面曲线"对话框。"类型"选择"选定的平面"，选择无叶风扇 STL 模型，"指定平面"为"YC- ZC 平面"，取消选项"关联"，单击【确定】，创建的截面曲线如图 2-106 所示。

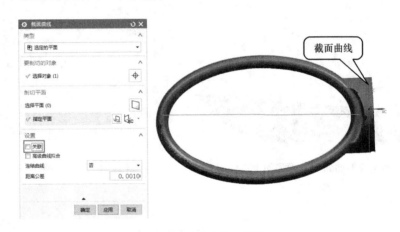

图 2-106　创建截面曲线

22）单击曲线工具条中的"基本曲线"按钮，弹出"基本曲线"对话框，选择创建类型为"直线"，"点方法"选择"点构造器"，在选择条中的捕捉点选项中选中"点在面上"，再选择图 2-107 所示的点，选择"无界"，选择"平行于 ZC"，创建平行于 ZC 轴的直线，如图 2-107 所示。

23）单击曲面工具条中的"规律延伸"按钮，弹出"规律延伸"对话框，"类型"选择"矢量"，选择图 2-107 中创建的直线，"参考矢量"为"YC 轴"，角度规律中"规律类型"为"恒定"，输入角度规律值并对其进行调整，直至图 2-108 所示圆周区域上各处的点距该规律延伸面的距离大致相等（±0.25mm 以内），记录此时的角度规律值，单击【确定】。

24）单击实用工具工具条中的"WCS 原点"按钮，选择图 2-109 所示的点，将工作坐标系原点移动至此处。

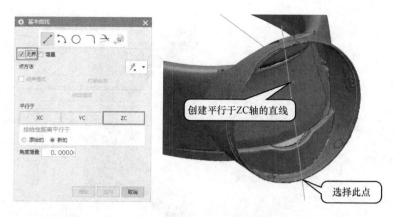

图 2-107　创建平行于 ZC 轴的直线

图 2-108　创建规律延伸面

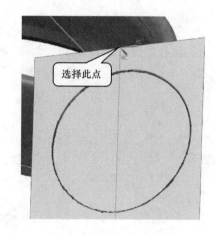

图 2-109　移动 WCS 原点

25）单击实用工具工具条中的"旋转 WCS"按钮，选择"＋ZC 轴：XC→YC"，输入"角度"的值（即为步骤 23 中的角度规律值），单击【确定】后，从图 2-110 所示的视图看去，YC 轴与规律延伸面重合。

26）删除步骤 21 创建的截面曲线，隐藏步骤 23 创建的规律延伸面。单击曲线工具条中的"基本曲线"按钮，弹出"基本曲线"对话框，选择创建类型为"直线"，"点方法"选择"点构造器"。在选择条中的捕捉点选项中选中"点在面上"。选择图 2-111 所示的点，选择"无界"，选择"平行于 YC"，创建平行于 YC 轴的直线，如图 2-111 所示。

27）单击曲面工具条中的"规律延伸"按钮，弹出"规律延伸"对话框，"类型"选择"矢量"，选择图 2-111 中创建的直线，"参考矢量"为"ZC 轴"，角度规律中"规律类型"为"恒定"，输入角度规律值为"0.5"，即脱模角度为 0.5°，单击【确定】，结果如图 2-112 所示。使用【测量距离】命令检查图 2-112 所示圆周区域上各处的点距该规律延伸面的距离是否在 ±0.25mm 以内，如果不是则继续调整直到满足要求为止。

28）单击实用工具条中的"WCS 原点"按钮，在弹出的"点"对话框中输入"XC"为"−2mm"，将工作坐标系原点向-XC 方向移动 2mm，如图 2-113 所示。

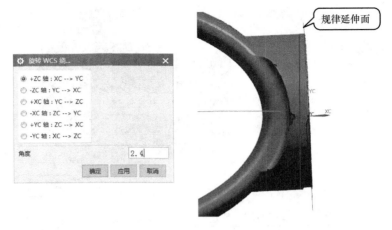

图 2-110　旋转 WCS

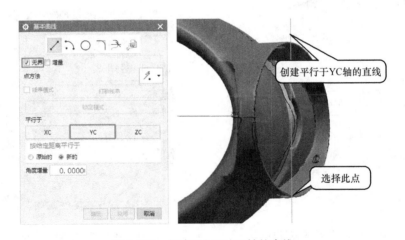

图 2-111　创建平行于 YC 轴的直线

29）单击曲线工具条中的"截面曲线"按钮，弹出"截面曲线"对话框。"类型"选择"选定的平面"，选择无叶风扇 STL 模型，"指定平面"为"YC-ZC 平面"，取消选项"关联"，单击【确定】，创建的截面曲线如图 2-114 所示。

30）单击曲线工具条中的"基本曲线"按钮，弹出"基本曲线"对话框。选择创建类型为"圆弧"，选择"整圆"，"创建方法"为"起点，终点，圆弧上的点"。在上一步创建的截面曲线上选择 3 个点创建一个圆。

31）单击标准工具条中的"对象信息"按钮，弹出"类选择"对话框；选择上一步创建的圆，在弹出的"信息"窗口中查看该圆的直径值

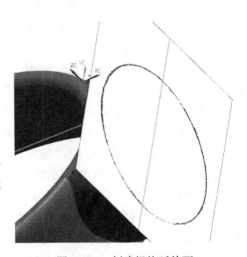

图 2-112　创建规律延伸面

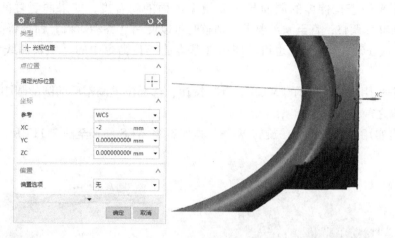

图 2-113　移动 WCS 原点

（144.5mm）并记录。

32）单击实用工具条中的"WCS 原点"按钮，选择步骤 30 中所创建圆的圆心作为 WCS 的原点。隐藏所有曲线。

33）选择【格式】/【WCS】/【保存】命令，保存当前工作坐标系。选择【格式】/【WCS】/【旋转】命令，选择" + YC 轴：ZC→XC"，输入角度值"90"，单击【确定】。

34）单击曲线工具条中的"基本曲线"按钮，弹出"基本曲线"对话框，选择创建类型为"圆"，圆心坐标为（0，0，0），圆弧上的点坐标为（144.5/2，0，0），即以 WCS 原点为圆心，创建一个直径为 144.5mm 的圆。

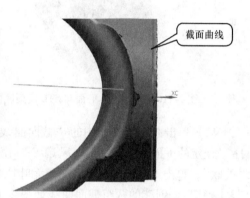

图 2-114　创建截面曲线

35）单击特征工具条中的"拉伸"按钮，弹出"拉伸"对话框，选择上一步创建的圆作为截面曲线，指定矢量方向为"ZC 轴"，开始距离为"0"，结束距离为" - 100mm"，单击【确定】，创建如图2-115所示的拉伸体。

36）单击标准工具条中的"移动对象"按钮，弹出"移动对象"对话框。选择图 2-115 中的圆作为要移动的对象，"运动"选择"距离"，"指定矢量"选择"ZC 轴"，输入距离值（根据实际情况），选择"移动原先的"，单击【应用】，使拉伸体底面与 STL 模型底面相吻合，如图 2-116 所示。如果可以接受，单击【取消】退出"移动对象"对话框；反之，继续调整距离。

37）双击图 2-116 所示的拉伸体，弹出"拉伸"对话框，"拔模"选择"从起始限制"，输入角度值为"0.5°"，单击【确定】。

图 2-115　创建拉伸体

38）接下来检查拉伸体的侧面与 STL 模型侧面的吻合度，如果两者之间的距离大于 ±0.5mm，则继续调整，直至满足要求。调整时可以使用【移动对象】命令将图 2-115 中的圆向 XC 方向或 YC 方向移动，也可以使用【基本曲线】命令中的【编辑曲线参数】，调整圆的直径值。

39）单击实用工具条中的"WCS 原点"按钮，选择位置调整后的圆的圆心作为 WCS 的原点，并删除之前保存的坐标系。

40）单击实用工具条中的"旋转 WCS"按钮，将 WCS 旋转至图 2-117 所示的方位。

图 2-116　使拉伸体底面与 STL 模型底面相吻合　　　　图 2-117　旋转 WCS

41）单击曲线工具条中的"截面曲线"按钮，弹出"截面曲线"对话框。"类型"选择"选定的平面"，选择无叶风扇 STL 模型，"指定平面"为"XC-ZC 平面"，取消选项"关联"，单击【应用】。再次选择无叶风扇 STL 模型，"指定平面"为"XC-YC 平面"，单击【确定】。创建的两组截面曲线如图 2-118 所示。

42）单击曲线工具条中的"截面曲线"按钮，弹出"截面曲线"对话框。"类型"选择"选定的平面"，选择图 2-118 所示的曲线，"指定平面"为"XC-ZC 平面"，取消选项"关联"，单击【应用】，得到图 2-118 所示的点 1 和点 2。

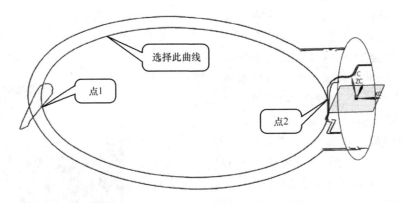

图 2-118　创建截面曲线上的点

43）使用【基本曲线】命令，以点 1 和点 2 为端点创建一条直线，如图 2-119 所示。使用【WCS 原点】命令，将 WCS 的原点放置在图 2-119 所示直线的中点。

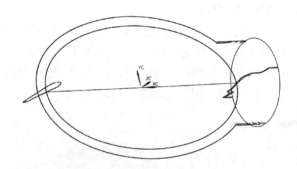

图 2-119　创建直线并移动 WCS

44）单击曲线工具条中的"截面曲线"按钮，弹出"截面曲线"对话框。"类型"选择"选定的平面"，选择图 2-120 所示的曲线，"指定平面"为"YC-ZC 平面"，取消选项"关联"，单击【应用】，得到图 2-120 所示的点 3 和点 4。

45）使用【基本曲线】命令，以点 3 和点 4 为端点创建一条直线，如图 2-120 所示。

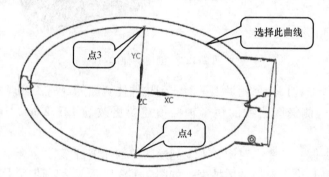

图 2-120　创建截面曲线和直线

46）选择【格式】/【WCS】/【保存】命令，保存当前工作坐标系。按下"Ctrl + Shift + K"快捷键，弹出"类选择"对话框，框选所有对象，显示所有对象。按下快捷键"Ctrl + L"，打开如图 2-121 所示的"图层设置"对话框，显示所有含有对象的层。

47）单击标准工具条中的"移动对象"按钮，弹出"移动对象"对话框。框选所有对象，"运动"选择"CSYS 到 CSYS"，"起始 CSYS"为上一步保存的坐标系，"目标 CSYS"为"绝对 CSYS"，选择"移动原先的"，单击【确定】。

48）将之前创建的点、曲线、平面等对象放置到第250 层，这里将 250 层作为"垃圾"层。

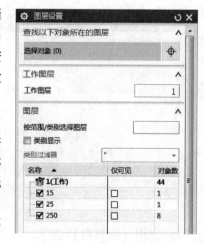

图 2-121　"图层设置"对话框

2. 制作上部分椭圆

1）测量如图 2-120 所示的两条直线的长度，记录下测量结果并将其作为椭圆长轴和短轴的数值。选择【插入】/【曲线】/【椭圆】命令，输入"长半轴"数值为"183mm"，"短半轴"数值为"107mm",创建内侧椭圆。

2）将内侧椭圆向外侧偏移合适距离后，观测偏移后的椭圆曲线与椭圆形截面线之间的距离差值，由此确定外侧椭圆的长半轴为 200mm、短半轴为 123mm。

3）使用【拉伸】命令，以外侧椭圆为截面曲线、开始距离和结束距离均为"100"、"拔模"角度为"1.5°"创建一个拉伸体，如图 2-122 所示。

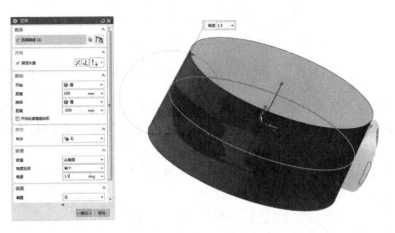

图 2-122　创建拉伸体

4）使用【测量工具】命令测量小平面体到拉伸体侧面的距离，发现外侧需要沿 X 轴移动 -0.2mm，并且外侧椭圆曲线的短半轴数值需要更改为 123.2mm，这样精度才能满足要求。

5）使用【修剪体】命令，对图 2-122 创建的拉伸体进行修剪。

6）使用【抽壳】命令对拉伸体抽壳，如图 2-123 所示。然后使用【替换面】命令将图 2-123 所示的面替换到拉伸体的底面。

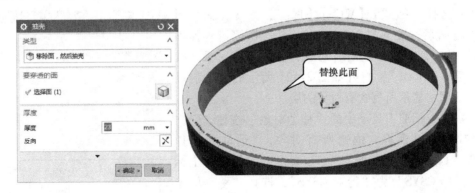

图 2-123　先抽壳后替换面

7）使用【倒斜角】命令，选择拉伸体的内侧边缘，输入如图 2-124 所示的参数，单击【确定】，创建倒斜角。

8）使用视图工具条上的"编辑截面"按钮查看无叶风扇椭圆部分的截面特征，如图 2-125所示。

9）选择【编辑】/【曲面】/【扩大】命令，将图 2-126 所示的面扩大。

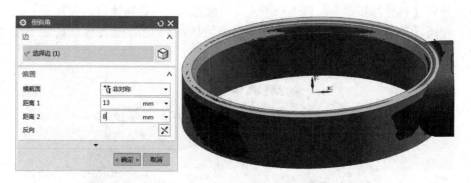

图 2-124 倒斜角

图 2-125 观察截面特征

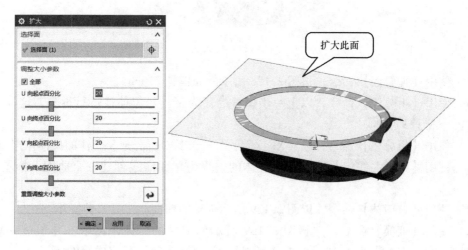

图 2-126 扩大面

10）选择【插入】/【偏置/缩放】/【偏置面】命令，将图 2-126 所示的面向 Z 轴正方向偏置 18mm。

11）使用【拆分体】命令，以上一步偏置的面为工具对拉伸体进行拆分。

12）使用【偏置面】命令，将拆分后的拉伸体的内侧面偏置合适的距离（大约为13mm），如图2-127所示。

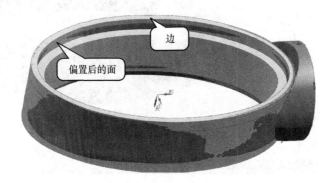

图2-127　偏置面

13）使用【倒斜角】命令，选择图2-127所示的边，两侧距离均为6mm，单击【确定】，创建倒斜角。

14）使用【扩大】命令，扩大拉伸体的端面，如图2-128所示。

图2-128　扩大面

15）使用【偏置面】命令，将图2-128所示的面偏置21mm。

16）使用【拆分体】命令，以上一步偏置的面为工具对拉伸体进行拆分。这样，拉伸体就被拆分成了3个体。

17）使用【拆分体】命令，以"XC-ZC平面"工具对拆分成3个体的拉伸体进行拆分。

18）使用【通过曲线组】命令，以实体的边界为截面曲线创建一个曲面，如图2-129所示。

19）使用【修剪体】命令，以图2-129所示创建的曲面为工具修剪实体。

20）使用【变换】命令，选择图2-129所示修剪后的实体，再单击【通过一平面镜像】，选择"XC-ZC平面"，然后单击【复制】，单击【确定】后完成镜像特征。

21）使用【合并】命令，将实体合并。

22）使用【边倒圆】命令，创建如图2-130所示的3个圆角特征，圆角半径均为8mm。

23）使用【边倒圆】命令，将图2-131所示的3条边倒圆角，圆角半径为1mm。

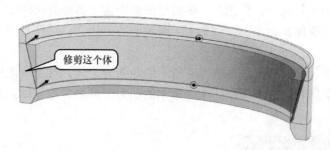

图 2-129　通过曲线组创建曲面

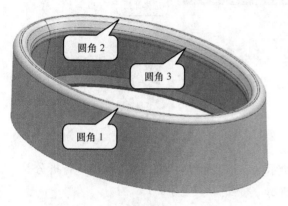

图 2-130　创建圆角特征（一）　　　　　　　图 2-131　创建圆角特征（二）

3. 制作上部分基座

（1）制作基座主体

1）创建一条过圆心的直线，如图 2-132 所示。

2）使用【规律延伸】命令，以图 2-132 所示的直线为轮廓，输入角度规律值为"0.5°"，创建一个曲面，如图 2-133 所示。

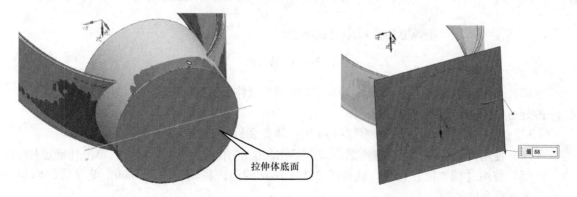

图 2-132　创建一条直线　　　　　　　图 2-133　规律延伸曲面

3）使用【移动对象】命令，将图 2-132 所示的直线向"XC 轴"方向移动 −0.2mm。

4）使用【偏置面】命令，将图 2-132 所示的拉伸体底面偏置 2mm。

5）使用【替换面】命令，将图 2-132 所示的拉伸体底面替换为图 2-133 所示的曲面。

6）使用【修剪体】命令，以图 2-133 所示的曲面为工具修剪拉伸体。

7）使用【规律延伸】命令，以图 2-134 所示的边为轮廓，延伸长度为 200mm，创建一个曲面。

8）使用【拆分体】命令，以图 2-134 所示的曲面为工具，对拉伸体进行拆分。

9）使用【修剪体】命令，以图 2-135 所示的面为工具修剪拉伸体。采用同样的方法对另一侧进行修剪。

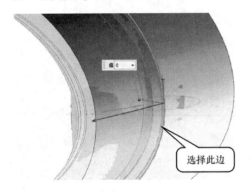

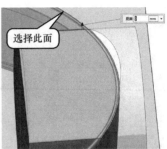

图 2-134　规律延伸曲面　　　　　　　　　　　图 2-135　修剪体

10）使用【拆分体】命令，以图 2-134 所示的实体表面为工具，对拉伸体进行拆分。

11）使用【替换面】命令，如图 2-136 所示，将面 2 替换为面 1。

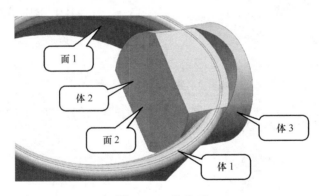

图 2-136　替换面

12）使用【拆分体】命令，如图 2-136 所示，以体 1 的面为工具对体 2 进行拆分，并删除拆分后位于体 1 椭圆形内侧的实体。

13）使用【合并】命令，将图 2-136 所示体 3 和拆分后的体 2 合并。

14）使用【拔模】命令，选择图 2-137 所示的边，"角度 1"为"1.5°"，单击【确定】。

15）使用【偏置面】命令，选择图 2-137 所示的面，将其偏置 0.4mm，偏置后此面与小平面体贴合度较好。

16）使用【拔模】和【偏置面】命令对另一侧进行类似的操作。

17）使用【边倒圆】命令，创建如图 2-138 所示的两个圆角特征。

（2）制作基座细节特征

1）使用【抽壳】命令，对基座整体进行抽壳，抽壳厚度为 2mm，如图 2-139 所示。

图 2-137　拔模

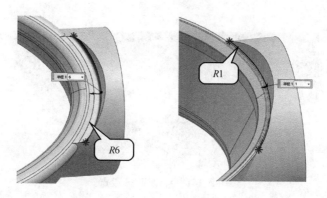

图 2-138　边倒圆

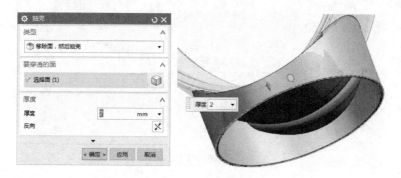

图 2-139　抽壳

2）使用【拆分体】命令，采用"点和方向"的方式，选择小平面体上的点新建一个平面，对整体进行拆分，如图 2-140 所示。

3）使用【WCS 原点】命令，将工作坐标系原点放置在如图 2-141 所示的位置。

4）使用【拆分体】命令，使用"XC-YC 平面"并输入距离值"3"，对实体进行拆分。

5）使用【偏置面】命令，选择图 2-142 所示拆分出来的体的面，沿 ZC 轴方向偏置 8mm。

6）使用【拔模】命令，选择图 2-143 所示的边，指定脱模方向为"ZC 轴"，拔模角度为"0"，即取消拔模，单击【确定】。

7）使用【合并】命令，将拆分出来的实体与其余实体进行合并。

图 2-140　拆分体

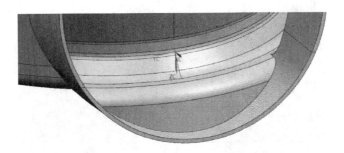

图 2-141　移动 WCS 原点

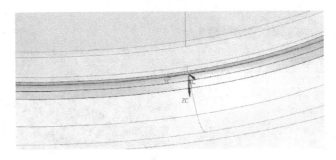

图 2-142　偏置面

图 2-143　取消拔模

8）使用【偏置面】命令，对图 2-143 所示的面 1 和面 2 进行偏置，使其与小平面体贴合。

9）使用【删除面】命令，选择图 2-144 所示的圆角面，单击【确定】。

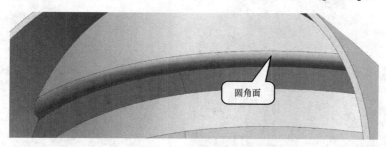

图 2-144 删除圆角面

10）使用【偏置面】命令，对图 2-145 所示的面 1 和面 2 进行偏置，使其与小平面体贴合。

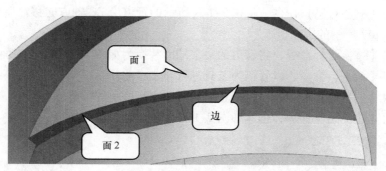

图 2-145 偏置面 1 和面 2

11）使用【规律延伸】命令，选择图 2-145 所示的边，输入角度规律值"1.3°"。然后使用【偏置面】命令，将规律延伸的曲面偏置 0.5mm，可以看到此时的曲面与小平面体贴合较好，如图 2-146 所示。

12）使用【替换面】命令，将图 2-145 所示的面 1 替换为图 2-146 所示的规律延伸的曲面上。

13）使用【WCS 原点】命令，将工作坐标系原点放置在如图 2-147 所示的位置。

图 2-146 创建规律延伸曲面

14）使用【截面曲线】命令，创建 STL 模型与 YC-ZC 平面的相交曲线，如图 2-147 所示。注意，要取消勾选"截面曲线"对话框中的"关联"选项。

15）使用【基本曲线】命令，选取圆弧状截面曲线上的 3 个点，创建如图 2-147 所示的圆。

16）使用【信息】/【对象】命令，查看图 2-147 所示圆的直径。

17）使用【基本曲线】命令，创建一条通过绝对坐标系原点并且与 XC 轴方向平行的直线。

18）使用【插入】/【扫掠】/【管道】命令，以上一步创建的直线为路径，以圆的直径为管道外径，内径值为"0"，创建如图 2-148 所示的管道。

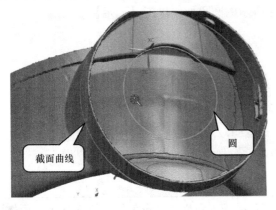
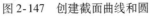

图 2-147　创建截面曲线和圆　　　　　　　　图 2-148　创建管道

19）使用【移动对象】命令，将图 2-148 所示的管道沿 ZC 轴方向移动适当的距离，直至管道与图 2-147 所示的圆贴合。

20）使用【替换面】命令，将管道的一个端面替换为如图 2-149 所示的面。

21）使用【减去】命令，以管道为工具进行布尔求差。

22）使用【偏置面】命令，将面偏置至如图 2-150 所示的位置。

23）使用【边倒圆】命令，创建如图 2-150 所示的两个圆角特征。

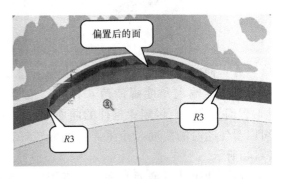

图 2-149　替换面　　　　　　　　　　　图 2-150　偏置面和边倒圆

24）使用【基本曲线】命令，创建一条通过绝对坐标系原点并且与 XC 轴平行的直线。

25）以上一步创建的直线为截面曲线，向 ZC 轴方向拉伸，创建一个片体。

26）使用【移动对象】命令，将上一步创建的拉伸片体绕 XC 轴旋转 27°，使其位于卡扣的中间位置，如图 2-151 所示。

27）双击图 2-151 所示的片体，在"拉伸"对话框中将"偏置"改为"两侧"，"开始"和"结束"均为"4.2"，单击【确定】后，拉伸片体变为拉伸实体。然后使用【替换面】、【偏置曲面】和【修剪体】等命令，将拉伸体修改至如图 2-152 所示的状态。

28）使用【移动对象】命令，"结果"选择"复制原先的"，将卡扣 1 旋转 191°得到卡扣 2，将卡扣 2 旋转 47°得到卡扣 3。

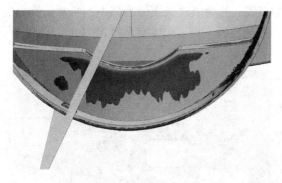

图 2-151　旋转后的片体

图 2-152　创建卡扣 1 实体

29）使用【拉伸】命令，以通过绝对坐标系原点并且与 XC 轴平行的直线为截面曲线，以 YC 轴为拉伸方向，创建如图 2-153a 所示的拉伸体。然后使用【替换面】、【偏置面】和【修剪体】等命令，将拉伸体修改至如图 2-153b 所示的状态。

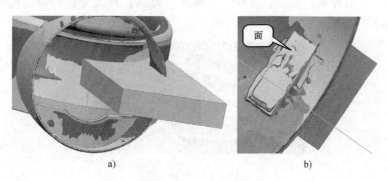

a)　　　　　　　　　　　　　b)

图 2-153　创建拉伸体

30）使用【抽壳】命令，选择图 2-153b 所示的面，抽壳厚度为 1mm，单击【确定】。

31）使用【偏置面】命令，调整宽度为 "1.5mm"，如图 2-154a 所示。

32）使用【拆分体】命令，在加强筋的位置对实体进行拆分，拆分长度为 1mm，如图 2-154b 所示。

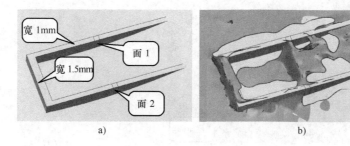

a)　　　　　　　　　　　　　b)

图 2-154　偏置面和拆分体

33）使用【替换面】命令，将图 2-154a 所示的面 1 替换为面 2。

34）使用【合并】命令，将拆分出来的实体合并。

35）使用【点集】命令，创建间隔相等的 5 个点，如图 2-155 所示。

36）过第二个点创建一条与 ZC 轴平行的直线，然后以这条直线为截面、两侧偏置分别为 0.5mm 和 −0.5mm，创建拉伸体。接着将拉伸体的顶面（面 1）替换为面 2，如图 2-156 所示。

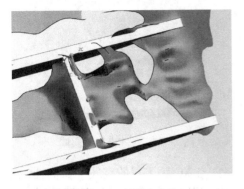

图 2-155　创建 5 个点

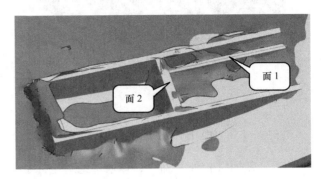

图 2-156　拉伸后替换

37）使用【移动对象】命令，选择"点到点"方式，将上一步创建的拉伸体复制到如图 2-157 所示的两个位置。

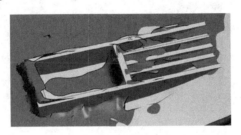

图 2-157　复制实体

38）创建如图 2-158a 所示的长度为 2mm 的直线并将其拉伸，两侧偏置分别为 0.5mm 和 −0.5mm。

39）使用【倒斜角】命令，对拉伸体的其中一条边倒斜角，距离值如图 2-158b 所示。

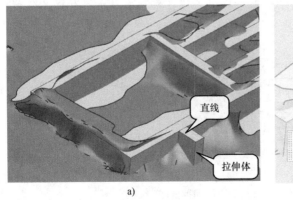

a)

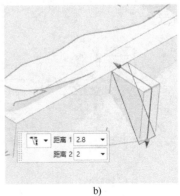

b)

图 2-158　创建加强筋（一）

40）使用【移动对象】命令，将加强筋 1 复制到如图 2-159 所示的位置，得到其余 3 个加强筋。

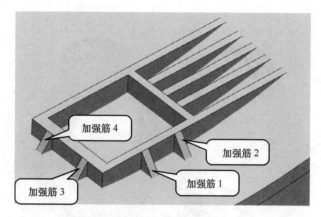

图 2-159　创建加强筋（二）

41）使用【修剪体】命令，对组成卡扣4的实体进行修剪，如图2-160所示。

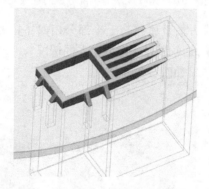

图 2-160　修剪组成卡扣4的实体

42）使用【合并】命令，将组成卡扣4的实体合并。

43）使用【移动对象】命令，选择"角度"方式，将卡扣4旋转180°，选择"复制原先的"，得到卡扣5。

44）使用【合并】命令，将所有实体合并。

45）使用【边倒圆】命令，创建如图2-161所示的两个圆角特征。

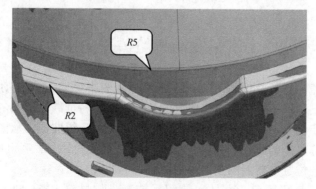

图 2-161　边倒圆

46）将不需要的线、点等移动至其他图层进行隐藏，完成无叶风扇上半部分逆向建模，如图 2-162 所示。

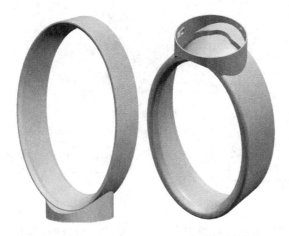

图 2-162　无叶风扇上半部分逆向建模完成

无叶风扇下半部分的建模方法及思路与上半部分相似,其关键点为上、下两部分的卡扣需符合实际要求,不能产生干涉(即出现无法扣入的情况)。

无叶风扇整体逆向建模结果如图 2-163 所示。

图 2-163　无叶风扇整体逆向建模结果

任务 3　汽车发动机舱盖逆向工程实例

汽车发动机舱盖的点云数据如图 2-164 所示。从图中可以看出发动机舱盖有 3 条特征线,这 3 条特征将发动机舱盖分成了 3 块大的区域。由于特征线 2 前端的消失点等原因,数据模型还可以进一步细分,最终分解成如图 2-165 所示的 7 组曲面。从图中可以看到发动机舱盖产品是一个对称件,因此在制作时只需做一半,然后再镜像。7 组曲面制作完成之后,在 3 条特征线所在的位置进行倒圆角,最后裁剪边界曲线。

本任务以汽车发动机舱盖为载体,使用手持激光扫描仪 BYSCAN510 进行扫描,使用 Geomagic Design X 作为数据处理软件,最后在 ICEM Surf 软件中完成逆向建模。实施流程如图 2-166 所示。

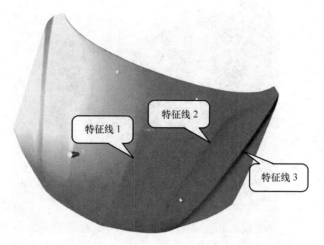

图 2-164　汽车发动机舱盖点云数据

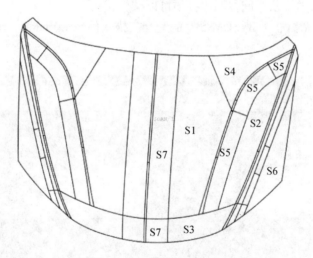

图 2-165　发动机舱盖数据模型曲面分解

图 2-166　实施流程

2.3.1　数据采集

1. 贴标记点

在扫描之前要先贴反光标记点。由于发动机舱盖表面曲率变化较小，所以标记点之间的距离大致为 100mm，随机均匀地粘贴在发动机舱盖表面，如图 2-167 所示。

图 2-167　贴好标记点的发动机舱盖

2. 扫描发动机舱盖

因为移动时有误差，从中间往两边扫描可以减少误差。

1）打开手持激光扫描仪 BYSCAN510 的配套扫描软件 ScanViewer，出现图 2-168 所示的软件界面。

图 2-168　ScanViewer 软件界面

2）扫描前需要设置扫描参数。单击图 2-169 所示【扫描】选项卡中的【扫描参数设置】按钮，弹出如图 2-170 所示的对话框。发动机舱盖呈黑色，所以在"扫描物体类型"选项中选择"黑色物体"，单击【确定】。

3）在扫描控制面板中调节扫描解析度和曝光参数。

扫描解析度设置：根据扫描对象，设置不同的扫描解析度，解析度值越小，扫描细节越丰富，数据量也越大。推荐扫描汽车时设置为1mm，扫描零件时设置为0.4mm。

曝光参数设置：根据扫描对象，设置不同曝光参数（激光亮度）。当扫描物体反光弱或颜色较深时，适度调高曝光参数。

由于扫描的物体是汽车发动机舱盖，其颜色是黑色，所以这里将扫描解析度设置为1mm，曝光参数设置为2.6ms，如图 2-171 所示。

图 2-169　单击【扫描参数设置】按钮

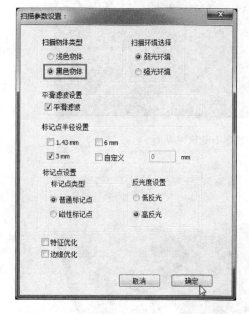

图 2-170　"扫描参数设置"对话框

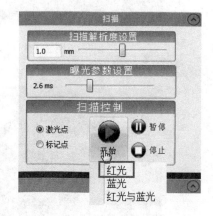

图 2-171　扫描参数设置

4）选择"激光点"并单击图 2-171 所示的【开始】按钮，在弹出的下拉菜单中选择
【红光】，此时的软件界面如图 2-172 所示。

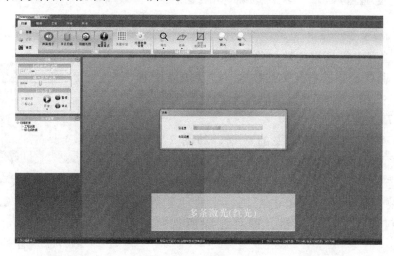

图 2-172　红光扫描

61

5）将扫描仪正对汽车发动机舱盖，距离为 300mm 左右，按一下扫描仪上的扫描键，开始扫描。扫描过程中的软件界面如图 2-173 所示，扫描操作如图 2-174 所示。

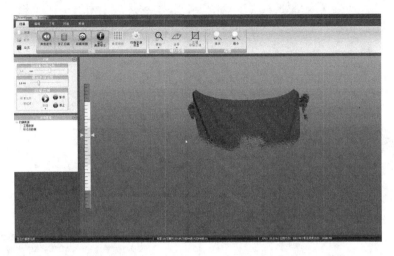

图 2-173　扫描过程中的软件界面

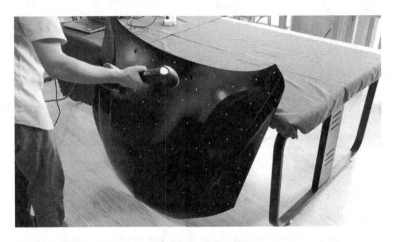

图 2-174　扫描操作

6）扫描过程中不可避免地会将支架、垫布等物体也扫描在内，需要删除这些无关的数据。按下扫描仪上的扫描键停止扫描，再单击扫描软件上的【暂停】按钮，如图 2-175 所示。

7）使用套索工具选择无关的数据，如图 2-176 所示。按住鼠标左键移动光标可拉出选择区域，释放左键为确认选取，可分次分块选取，选中的区域呈红色。选择好要删除的区域后单击工具栏中的"删除"按钮，或按键盘上的 Delete 键，即可删除所选区域点云。

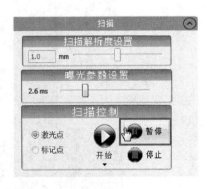

图 2-175　暂停扫描

图 2-176 使用套索工具选择区域

8）删除无关数据后，单击图 2-175 所示的【开始】按钮，然后按下扫描仪上的扫描键继续扫描。扫描完成后，先按下扫描仪上的扫描键停止扫描，再单击图 2-175 所示的【停止】按钮。发动机舱盖扫描数据如图 2-177 所示，可以发现仍有一部分无关数据被扫描进去了，需用套索工具将其删除。

图 2-177 发动机舱盖扫描数据

9）单击【工程】选项卡中的【生成网格】按钮，如图 2-178 所示，系统开始生成网格，并显示进度条。网格生成后的数据管理面板如图 2-179 所示，比之前多了"三角网格 *"和"点云数据 *"。

图 2-178 单击【生成网格】按钮

图2-179　网格生成后的数据管理面板

10）单击【网格】选项卡中的【保存】按钮，在弹出的下拉列表中选择【网格文件（∗.STL）】，如图2-180所示；弹出"另存为"对话框，选择保存路径并输入文件名后，单击【保存】按钮。

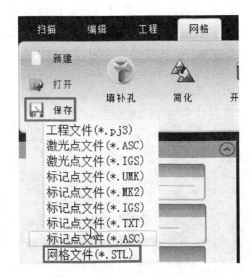

图2-180　保存为STL文件

2.3.2　数据处理

1）打开 Geomagic Design X 应用软件。

2）导入数据模型。单击界面左上方的"导入"按钮，在打开的对话框中选择扫描生成的数据模型后单击【仅导入】，如图2-181所示，汽车发动机舱盖的点云数据就导入到 Geomagic Design X 软件中了。

3）用"修补精灵"来检索面片模型上的缺陷，如重叠单元面、悬挂的单元面、非流形单元面等，并自动修复各种缺陷。单击【多边形】模块中的【修补精灵】按钮，弹出"修补精灵"对话框，如图2-182所示，软件会自动检索面片模型中存在的各种缺陷，单击"OK"按钮，软件自动修复检索到的缺陷。

4）"加强形状"功能用于锐化面片上的尖锐区域（棱角），同时平滑平面或圆柱面区域，以提高面片的质量。

5）面片的优化。根据面片的特征形状，设置单元边线的长度和平滑度来优化面片。

6）平滑。通过平滑操作可以消除面片上的杂点，降低面片的粗糙度，可以用于整个面片，也可以用于局部选定的单元面。

图 2-181　导入汽车发动机舱盖数据模型

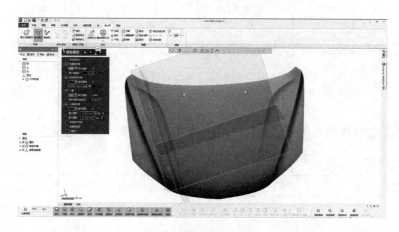

图 2-182　使用"修补精灵"自动修复面片缺陷

7）输出为 STL 文件，如图 2-183 所示。

图 2-183　输出为 STL 格式

2.3.3 逆向建模

汽车发动机舱盖采用 ICEM Surf 软件进行逆向建模。ICEM Surf 的界面如图 2-184 所示。

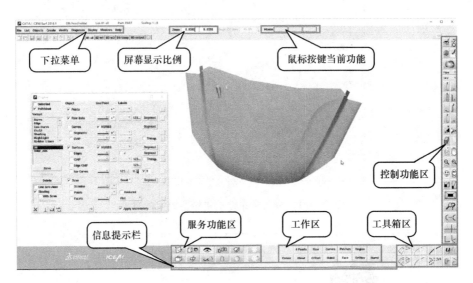

图 2-184　ICEM Surf 界面

工具箱区是生成和修改几何元素所使用的各工具的图标，说明见表 2-1。

表 2-1　工具箱区工具简介

工具	作　用	与下拉菜单对应关系
	曲面片生成工具	Create/Patch
	曲面片编辑工具	Modify/Patch
	曲面生成工具	Create/Surface
	曲面编辑工具	Modify/Surface
	曲线段生成工具	Create/Curve Segment
	曲线段编辑工具	Modify/Curve Segment
	曲线生成工具	Create/Curve
	曲线编辑工具	Modify/Curve

（续）

工具	作　用	与下拉菜单对应关系
	扫描数据线生成工具	Create/Raw Data
	扫描数据线编辑工具	Modify/Raw Data
	扫描点云数据生成工具	Create/Scan
	扫描点云数据编辑工具	Modify/Scan
 *u*	激活一体化建模模块	Modify/Unified Modeling
	对称工具，使曲线或曲面关于选定平面连续或相切	Modify/Symmetry
	对几何物体进行几何变换	Modify/Move

在 ICEM Surf 中标准键盘功能键有默认定义，见表 2-2。

表 2-2　标准键盘功能键默认定义

功能键	对称功能名称	说　明
F1	Shading	打开或关闭曲面的渲染显示模式
F2	Auto Min/Max	使所有物体以充满屏幕的方式显示
F3	View	将屏幕显示视图退回到上次改变屏幕显示视图前的视图
F4	Perspective	将屏幕视图在平行透视和中心透视间切换
F5	Anim. On/Off	打开或关闭旋转展台动画
F6	Original	只显示物体本身
F7	Mirror	只显示镜像显示的物体
F8	Both	同时显示物体本身和镜像
F9	C-CtrlP On/Off	显示或隐藏所选曲线的控制点
F10	P-CtrlP On/Off	显示或隐藏所选曲面的控制点
F11	Plane Symbol	显示或隐藏工作平面符号
F12	Deselection	取消物体选取

1. 制作曲面 S1

1）单击"控制功能区"中的 _x 按钮，把坐标系的 XZ 平面作为当前工作平面。工作平面由一个与 XY 平面对应的矩形和 3 个坐标轴组成。X 轴显示为黄色，Y 轴显示为蓝色，Z 轴为红色。功能键"F11"可以显示或隐藏工作平面。

2）单击"服务功能区"中的 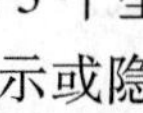 按钮，弹出如图 2-185 所示的"Sections"对话框，选择"Plane"，选择"Count"并输入 1，单击【OK】，创建一条截面线，如图 2-186 所示。

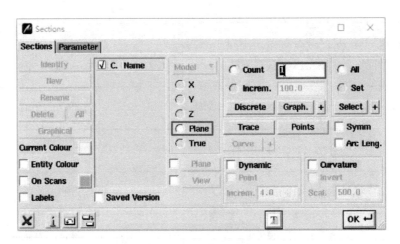

图 2-185　"Sections" 对话框

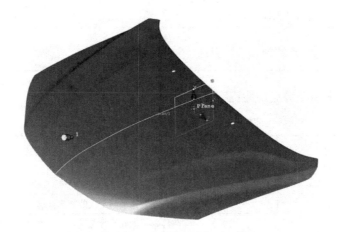

图 2-186　创建一条截面线

3）单击 "服务功能区" 中的 👁 按钮，或按下快捷键 "Ctrl + A"，弹出如图 2-187 所示的 "Display" 对话框，取消选择 "Facets"，将点云隐藏。

4）单击 ✏ 按钮（曲线段生成工具），然后单击【2Points】，选择图 2-188 所示的点 1 和点 2，创建一条曲线。

5）单击 ⟋ 按钮（曲线段编辑工具），然后单击【CtrlP】，弹出如图 2-189 所示的 "Control Point" 对话框。"信息提示栏" 显示 "Pick Curve Segment"，选择上一步创建的曲线，并将 "Order" 由 2 改为 3，曲线的控制点由 2 个变成 3 个。拖动控制点的位置使曲线与截面线贴合。如图 2-190 所示，等比例缩放下看起来曲线已经与截面线贴合，但是如图 2-191 所示，在不等比例缩放下，曲线仍然有部分区域偏离截面线。"控制功能区" 的两个 ◩ ◪ 按钮，其作用分别是在屏幕上框选一个区域进行等比例或不等比例缩放，使之充满屏幕。

将控制点的数量增加到 6 个，拖动控制点使曲线与截面线贴合，对称平面上的曲线制作完成，关闭 "Control Point" 对话框。

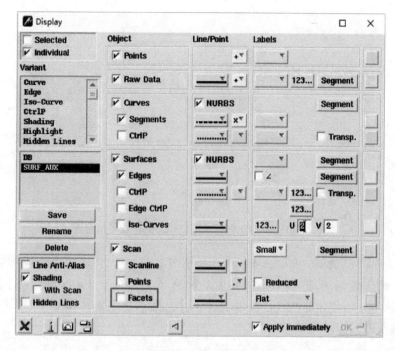

图 2-187 "Display"对话框

图 2-188 选择两点创建曲线

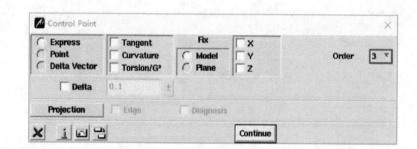

图 2-189 "Control Point"对话框

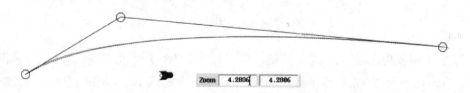

图 2-190 等比例缩放下曲线与截面线的贴合度

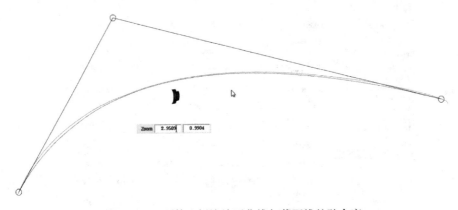

图 2-191 不等比例缩放下曲线与截面线的贴合度

6）单击"服务功能区"的 按钮（形体检查工具），弹出如图 2-192 所示的"Diag-noses"对话框；然后单击【Curvature】，弹出"Diagnosis Curvature"对话框；单击"Curve"，选择上一步创建的曲线，再单击【OK】，显示曲率梳，如图 2-193 所示。从曲率梳可以看出这条曲线比较光顺。

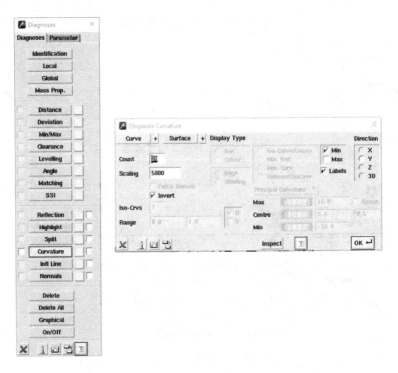

图 2-192 曲线形体检查

7）单击"服务功能区"的 按钮，弹出如图 2-185 所示的"Sections"对话框，选择"X"，表示切平面与 YZ 平面平行，选择"Count"并输入 10，单击【OK】，创建 10 条截面线，如图 2-194 所示。

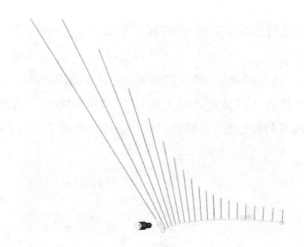

图 2-193　曲率梳

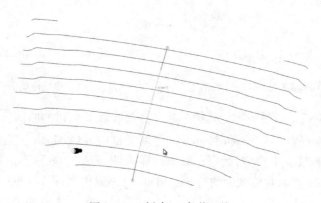

图 2-194　创建 10 条截面线

8）单击 按钮（曲面生成工具），然后单击【Flanges】，提示 "Pick Spine Curve"；选择步骤 5 创建的曲线后，如图 2-195 所示定义翻边曲面的延伸方面为 "Both Sides-1 Surface"，并拖动箭头至图 2-196 所示的位置后关闭 "Flanges" 对话框。

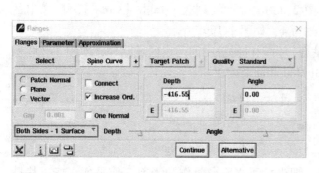

图 2-195　"Flanges" 对话框

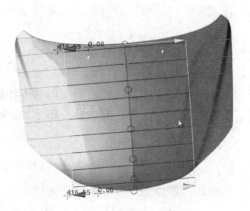

图 2-196　创建翻边曲面（Flanges）

9）单击  按钮（几何变换工具），然后单击【GExtrap】，弹出"Global Extrapolate"对话框（图2-197）；勾选"Both"，提示"Pick Objects"；选择上一步生成的翻边曲面，将"延伸模式"改为 ⌄（边界模式），然后拖动曲面左右两侧的控制点，使曲面边界与发动机舱盖特征线贴合。之后将"延伸模式"改为 ⌄（标准模式），再拖动曲面后侧的控制点，使曲面延长，将曲面调整至图2-198所示的状态后，关闭"Global Extrapolate"对话框。

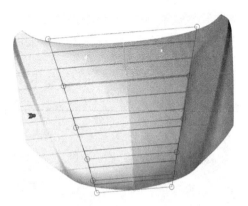

图2-197　"Global Extrapolate"对话框　　　　图2-198　拖动曲面的控制点调整曲面

10）单击 **u** 按钮，激活一体化建模模块。选择步骤8创建的曲面。

单击如图2-199a所示"Unified Modelling"对话框中【Geometry】后面的 👁 按钮，弹出如图2-199b所示的"Display"对话框，取消选择"Shading"，表示不渲染曲面。

单击如图2-199a所示对话框中的【Extended…】，弹出如图2-199e所示的"Geometry"对话框；单击【Properties】选项卡中的【Symmetric】，表示将选取的物体定义为沿对称面自身对称，修改一侧时，对侧自动更新。

单击图2-199a中的 按钮（控制点编辑窗口），弹出如图2-199c所示的"Control Point"对话框。单击 后勾选"X"和"Y"，表示锁住X和Y，即控制点在X轴和Y轴方向不移动，仅在Z轴方向移动。单击 ⌃，弹出如图2-199g所示的列表，列表中第一个选项表示移动所选控制点时相邻控制点的移动量最大，最后一个选项表示相邻控制点的移动量最小。

在图形窗口单击鼠标右键，弹出如图2-199d所示的列表，单击【Order】，在弹出的"Order-Geometry"对话框中将曲面阶次改为4，如图2-199f所示。

拖动控制点的位置使曲线与截面线贴合，发动机舱盖中间凸出区域除外，即图2-200所示方框区域内除外。完成后关闭"Unified Modelling"对话框。

11）单击  按钮（几何变换工具），然后单击【GExtrap】，在弹出的"Global Extrapolate"对话框中勾选"Both"，然后拖动右侧控制点，使曲面扩大。由于勾选了"Both"，拖动右侧控制点时，左侧也会随之改变。之后关闭"Global Extrapolate"对话框。

12）单击"控制功能区"的 ⎮ₓ 按钮，把坐标系XY平面作为当前工作平面。按下快捷键"F11"显示工作平面，将光标置于工作平面符号原点处，单击Z轴手柄并用鼠标左键拖

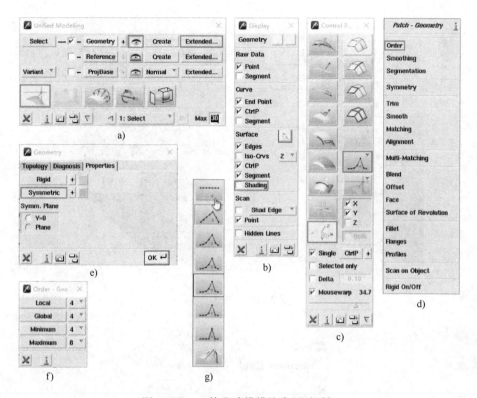

图 2-199 一体化建模模块常用对话框

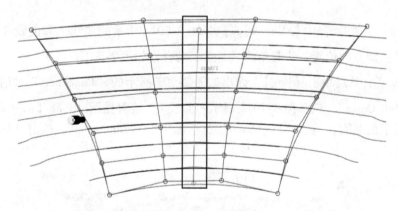

图 2-200 拖动控制点使曲面与截面线贴合

动，将工作平面沿 Z 轴正向移动。

13）单击 ，然后单击【2 Points】，选取 2 点创建一条曲线。单击 "2 Points" 对话框中的【Modify】，在 2 点之间的位置单击，创建第 3 个控制点。拖动控制点的位置使曲线与点云形状贴合，得到曲线 1。用同样的方法创建曲线 2，结果如图 2-201a 所示。

调节控制点时，单击鼠标右键，弹出如图 2-202 所示的 "Mousewarp" 对话框，勾选 "Mousewarp" 前面的小方框，可以进行控制点微调，并且可以通过拖动滑块来设置移动量系数。

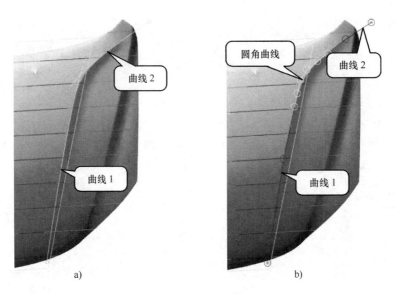

图 2-201　创建曲线

图 2-202　"Mousewarp" 对话框

14）单击 ⟋，然后单击【SCorner】，选择图 2-201a 所示的曲线 1 和曲线 2 创建一条圆角曲线，拖动控制点的位置，使圆角曲线与点云贴合，如图 2-201b 所示。

15）单击 ⟋，然后单击【Proj】，弹出如图 2-203 所示的 "Projection" 对话框，信息提示栏显示 "Pick Curve"，选择图 2-201a 所示的曲线 1，接着提示 "Pick Target Patches"，选择图 2-200 所示的曲面，勾选 "Projection" 对话框中的 "Duplicate"，单击【OK】，将曲线 1 投影到曲面。

图 2-203　"Projection" 对话框

16）单击 "服务功能区" 中的 ▢ 按钮（显示表单管理），弹出 "List" 对话框。显示表单（List）是 ICEM Surf 对物体分类管理、控制数据显示的方法之一。显示表单和 NX 软件的图层有些类似，但不完全相同。用图层管理物体，一个物体只能属于同一图层，不能同时属于两个图层。ICEM Surf 中同一物体可属于多个显示表单。

选择"Current List"列表中的"DB",选择"Target List"列表中的"01-all",勾选"All",单击【ListCopy->】,表示将"DB"显示表单中的所有物体复制到"01-all"显示表单中,如图2-204所示。

选择"Current List"列表中的"01-all",选择"Target List"列表中的"04-temp",取消勾选"All",单击【ListMove->】,信息提示栏显示"List Move(01-all->04-temp):Pick Objects",选择图2-201所示的曲线1、曲线2和圆角曲线,表示将"01-all"显示表单中的3条曲线移动到"04-temp"显示表单。

图2-204 "List"对话框

17)单击 ,然后单击【2 Points】,选取投影曲线的两个端点创建一条曲线。单击控制功能区的 按钮,框选刚创建的曲线和投影曲线,如图2-205所示。可以看到投影曲线呈S形,曲线质量不好,所以不能直接用这条投影曲线裁剪曲面。

18)单击 (工作平面定义工具),弹出"Plane"对话框,单击对话框中的【Trace】,选取投影曲线的两个端点,定义过这两点且主平面与屏幕视图视向平行的当前工作平面。

19)单击 (曲面片编辑工具),然后单击【Trim】,弹出如图2-206所示的"Trim"对话框,选择"Plane",表示用当前工作主平面修剪。勾选"Duplicate",表示保留被修剪曲面的副本。选择图2-207所示的原始曲面对其进行修剪。

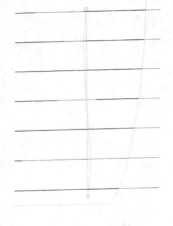

图2-205 投影曲线和两点曲线

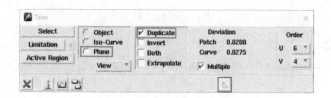

图2-206 "Trim"对话框

20)单击"服务功能区"的 ,弹出"List"对话框。选择"Current List"列表中的"01-all",选择"Target List"列表中的"04-temp",取消勾选"All",单击【ListMove->】,选择图2-207所示的原始曲面,表示将该曲面从"01-all"显示表单移动到"04-temp"显示表单。

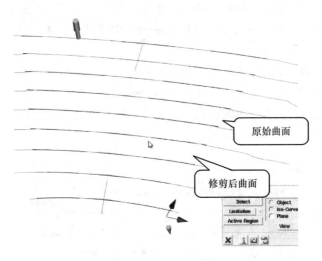

图 2-207　修剪曲面

21）单击"控制功能区"的 ![按钮] 按钮，把坐标系的 XZ 平面作为当前工作平面。单击 ![>]，然后单击【Trim】，选择"Trim"对话框中的"Plane"，取消勾选"Duplicate"，表示不保留被修剪曲面的副本。选择图 2-207 所示的修剪后的曲面对其进行修剪，结果如图 2-208 所示。

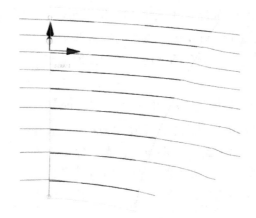

图 2-208　曲面 S1 制作完成

2. 制作曲面 S2

1）按下快捷键"Ctrl + A"，弹出"Display"对话框；勾选对话框中的"Facets"，显示点云曲面。

2）单击 ![按钮] 按钮，弹出如图 2-185 所示的"Sections"对话框，选择"Plane"，表示切平面与当前工作平面 XY 平面平行，单击【Trace】，选择图 2-209 所示的点 1 和点 2，单击【OK】，创建 1 条截面线，如图 2-209 所示。

3）按下快捷键"Ctrl + A"，弹出"Display"对话框，取消勾选对话框中的"Facets"，隐藏点云曲面。取消勾选"Sections"对话框中的切面分析列表中的"X",隐藏制作曲面 S1 时创建的 10 条截面线。

4)单击"控制功能区"中的 ![]按钮(光源设置工具),弹出如图 2-210 所示"Light"对话框,取消勾选"Symbols",将屏幕工作区中的光源符号隐藏,之后关闭"Light"对话框。单击 ![]按钮,把当前工作平面方向作为当前视图方向。

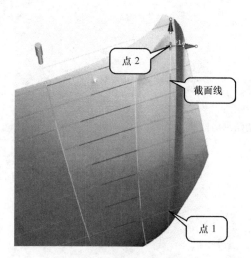

图 2-209　创建一条截面线

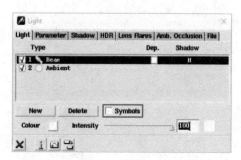

图 2-210　"Light"对话框

5)单击 ![],然后单击【2 Points】,选择图 2-209 所示截面线的两个端点创建一条曲线。单击"2 Points"对话框中的【Modify】,在"Control Point"对话框中将"Order"由"2"改为"5",再使曲线与截面线形状贴合。

6)单击 ![],然后单击【Flanges】,提示"Pick Spine Curve";选择上一步创建的曲线,在"Flanges"对话框中定义翻边曲面的延伸方向为"One Side",拖动箭头至图 2-211 所示的位置后关闭"Flanges"对话框。

7)通过"曲面片编辑工具"中的【CtrlP】及【UM】工具,将上一步创建的翻边曲面的 U 和 V 分别调整为"5"和"3",即控制点数量为 5 行 3 列。拖动控制点的位置,使其与 10 条截面线贴合成如图 2-212 所示的状态。

8)单击 ![]按钮(工作平面定义工具),弹出"Plane"对话框;单击对话框中的【Approx】,选取曲面 S1 的一条边,如图 2-212 所示,表示定义当前工作平面的原点是所选边的中心位置,主平面是所选边的拟合平面。

9)单击 ![]按钮(曲面片编辑工具),然后单击【Trim】,选择"Trim"对话框中的"Plane",表示用当前工作平面修剪,取消勾选"Duplicate",表示不保留被修剪曲面的副本。选择图 2-212 所示的翻边曲面对其进行修剪。

10)单击 ![]按钮(几何变换工具),然后单击【GExtrap】,在弹出的"Global Extrapolate"对话框中取消勾选"Both",选择图 2-212 所示的翻边曲面,然后拖动右侧控制点,使

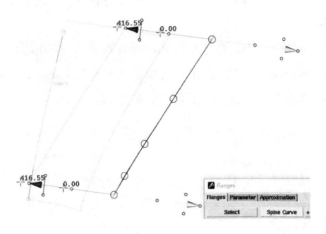

图 2-211　创建翻边曲面

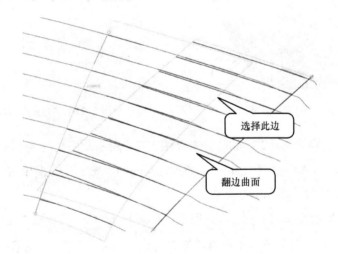

图 2-212　调整翻边曲面的控制点位置

曲面 S2 扩大，如图 2-213 所示。曲面 S2 制作完成。

3. 制作曲面 S3

制作完成的曲面 S3 如图 2-214 所示。

4. 制作曲面 S4（过渡曲面）

制作完成的曲面 S4 如图 2-215 所示。

5. 制作曲面 S5（反凹槽）

制作完成的曲面 S5 如图 2-216 所示。

6. 制作曲面 S6

制作完成的曲面 S6 如图 2-217 所示。

7. 制作曲面 S7

制作完成的曲面 S7 如图 2-218 所示。

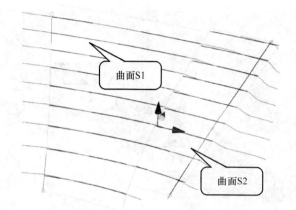

图 2-213　曲面 S2 制作完成

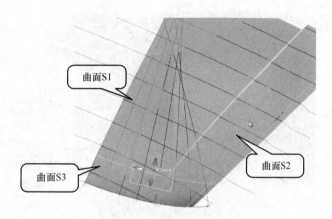

图 2-214　曲面 S3 制作完成

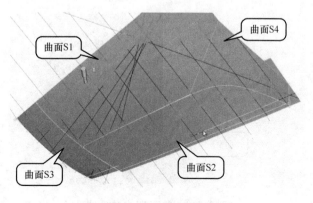

图 2-215　曲面 S4 制作完成

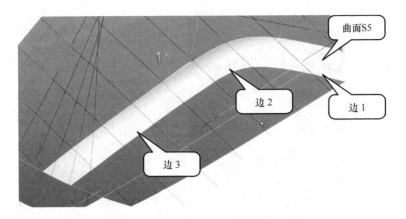

图 2-216　曲面 S5 制作完成

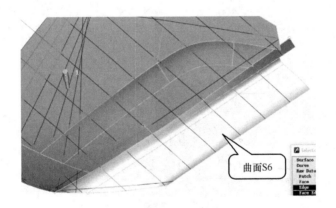

图 2-217　曲面 S6 制作完成

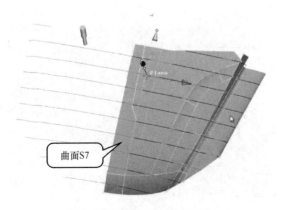

图 2-218　曲面 S7 制作完成

8. 制作圆角

接下来制作如图 2-219 所示的 3 组圆角曲面。

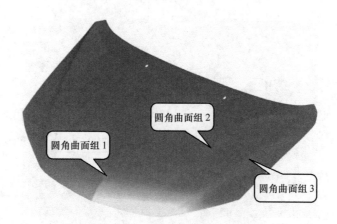

图 2-219　需要制作的 3 组圆角曲面

（1）制作第 1 组圆角曲面

1）单击控制功能区的 _x 按钮，把坐标系 XY 平面作为当前工作平面。

2）单击 按钮（几何变换工具），然后单击"Mirror"，弹出"Mirror"对话框，如图 2-220 所示；勾选对话框中的"Duplicate"，信息提示栏显示"Pick Objects to be Moved"；选择图 2-221 所示的圆角曲面 1 和圆角曲面 2，单击【OK】，镜像后得到圆角曲面 3 和圆角曲面 4。

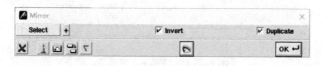

图 2-220　"Mirror"对话框

3）单击 ，然后单击【Fillet】，在图 2-222 所示"Fillet"对话框中选择"Chord"，表示指定弦长生成圆角曲面，输入弦长值"10"，选择"Acc Curvature"，表示圆角与基础曲面曲率连续；选择图 2-221 中的圆角曲面 1 和圆角曲面 3，单击【OK】。用同样的方法在圆角曲面 2 和圆角曲面 4 之间生成圆角。

4）单击 ，然后单击【GExtrap】，弹出"Global Extrapolate"对话框，如图 2-223 所示，将"延伸模式"改为 （标准模式），如图 2-224 所示拖动上一步生成的圆角的边界，使其延长。

5）单击下拉菜单【Modify】/【Patch】/【MatchO】，调用旧版匹配工具，弹出"Matching（V1）"对话框，如图 2-225 所示。提示"Pick Patch"，选择延伸后的圆角；提示"Pick Reference Edge"，选择图 2-226 所示的圆角曲面 1；取消选择对话框中的"Exact""Linear Begin"和"Linear End"，单击【OK】。用同样的方法将延伸后的圆角匹配到圆角曲面 3。

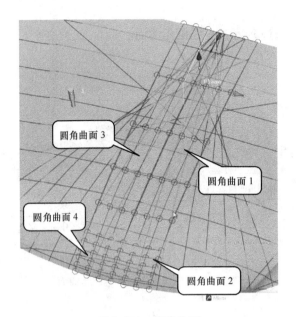

图 2-221　镜像曲面

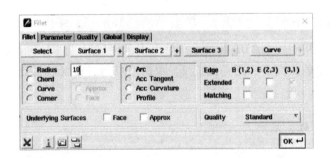

图 2-222　"Fillet" 对话框

图 2-223　"Global Extrapolate" 对话框

6）单击 ⌒ 按钮（曲面片生成工具），然后单击【Face】，弹出 "Faces" 对话框；提示 "Pick Limitation"，选择图 2-227 所示圆角的边界；提示 "Pick Active Region"，选择图 2-221 所示的圆角曲面 4，对圆角曲面 4 进行裁剪；用同样的方法，利用圆角边界对图 2-221 所示的圆角曲面 1、圆角曲面 2 和圆角曲面 3 也进行裁剪。第 1 组圆角曲面制作完毕。

（2）制作第 2 组圆角曲面　用圆角和曲面片边界裁剪圆角曲面，如图 2-228 所示。

第 2 组圆角曲面如图 2-229 所示。

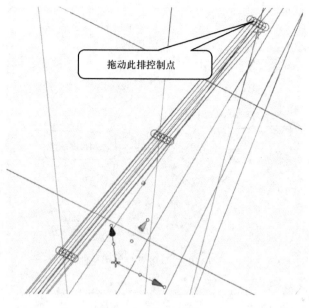

图 2-224　延长圆角

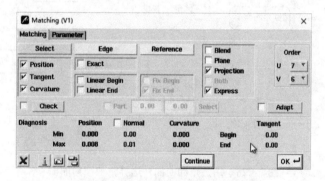

图 2-225　"Matching（V1）"对话框

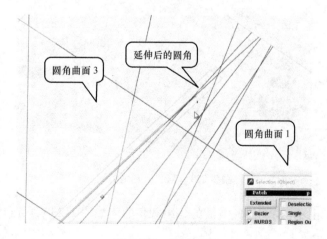

图 2-226　曲面匹配

图 2-227　用圆角边界裁剪圆角曲面 4

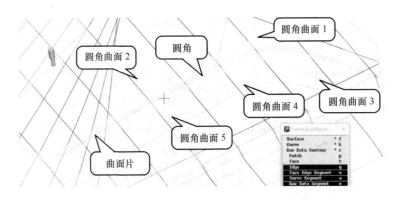

图 2-228　用圆角和曲面片边界裁剪圆角曲面

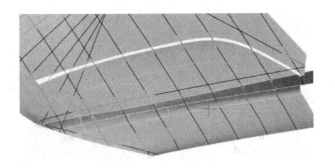

图 2-229　第 2 组圆角曲面

（3）制作第 3 组圆角曲面　完成后的 3 组圆角曲面如图 2-230 所示。

9. 裁剪边界

接下来，裁剪图 2-231 所示的发动机舱盖后侧边界和右侧边界。

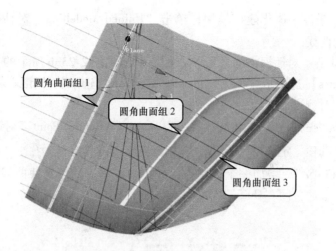

图 2-230　完成后的 3 组圆角曲面

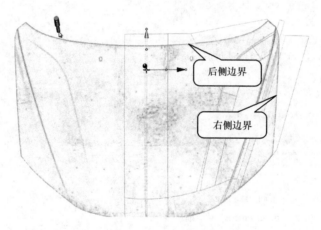

图 2-231　需裁剪的边界

（1）裁剪后侧边界

1）单击 ，然后单击【2 Points】，选择图 2-232 所示的点 1 和点 2 创建一条曲线；单击 "2 Points" 对话框中的【Modify】，在点 1 和点 2 之间的位置单击鼠标，创建第 3 个控制点；拖动控制点的位置使曲线与点云形状贴合，但是效果还不够理想，如图 2-232 所示。

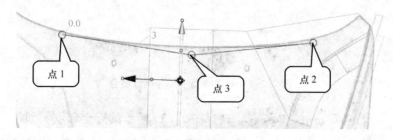

图 2-232　创建曲线

2）单击 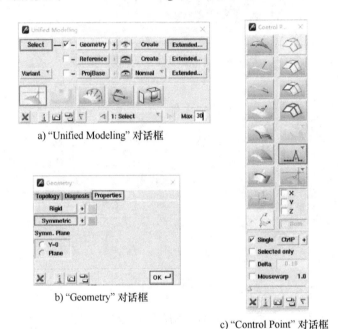，激活一体化建模模块；单击"Unified Modelling"对话框中的【Select】，选择上一步创建的曲线。

单击图2-233a所示对话框中的【Extended】，弹出如图2-233b所示的"Geometry"对话框；单击【Properties】选项卡中的"Symmetric"，表示将选取物体定义为沿对称面自身对称，修改一侧时，对侧自动更新。

单击图2-233a中的，弹出如图2-233c所示的"Control Point"对话框；单击该对话框中第2列第5个选项，定义控制点移动量变化规律，将其定义为（单点移动）；取消勾选"X""Y"和"Z"；增加一个控制点，并拖动控制点的位置使曲线与点云形状贴合，如图2-234所示。最后关闭"Unified Modelling"对话框。

a)"Unified Modeling"对话框

b)"Geometry"对话框

c)"Control Point"对话框

图2-233　一体化建模模块常用对话框

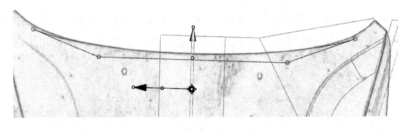

图2-234　创建曲线使其与点云贴合

3）单击，然后单击【2 Points】，选择图2-235所示的点4和点5创建一条曲线；单击"2 Points"对话框中的【Modify】，在点4和点5之间的位置单击，创建第3个控制点；然后拖动控制点的位置使曲线与点云形状贴合，如图2-235所示。

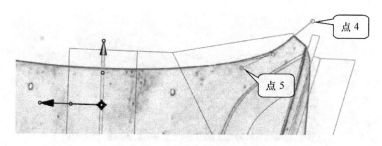

图 2-235　创建曲线

4）单击 ⟋，然后单击【SCorner】，并选择图 2-236 所示的曲线 1 和曲线 2，创建一条圆角曲线；拖动控制点的位置，使圆角曲线与点云贴合，如图 2-236 所示。

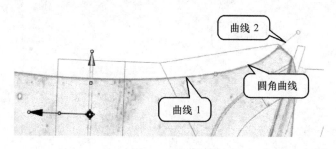

图 2-236　创建圆角曲线

5）单击 ⟨，然后单击【Face】，弹出"Faces"对话框；单击图 2-237 所示对话框中的下拉箭头，在弹出的列表中选择"Z"，表示曲线裁剪曲面时向曲面的投影方向为 Z 轴方向；提示"Pick Limitation"，选择图 2-236 所示的曲线 1、圆角曲线和曲线 2；提示"Pick Active Region"，选择需要裁剪的曲面，结果如图 2-238 所示。

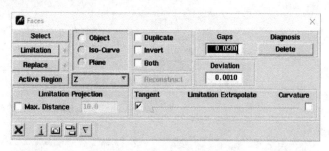

图 2-237　"Faces"对话框

（2）裁剪右侧边界

1）单击 ⟋，然后单击【2 Points】，选取两点创建一条曲线（曲线 1），并拖动控制点的位置使其与点云贴合，如图 2-239 所示。

2）单击 ，弹出"Plane"对话框，单击对话框中的【Trace】，选取如图 2-239 所示曲线 1 上的两点，定义过这两点且主平面与屏幕视图视向平行的当前工作平面，如图 2-240

图 2-238　发动机舱盖后侧边界裁剪效果

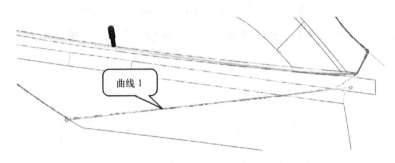

图 2-239　创建曲线 1

所示。

3）单击 ，然后单击【Face】，弹出如图 2-241 所示的"Faces"对话框。选择"Plane"和"Normal"，利用图 2-239 中创建的曲线对图 2-240 所示的曲面 1~3 进行裁剪。

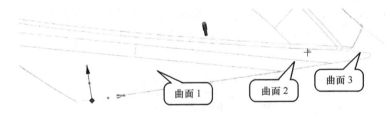

图 2-240　裁剪曲面 1~3

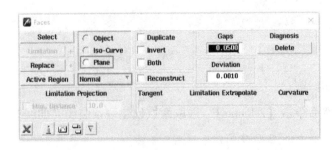

图 2-241　"Faces"对话框

4）单击 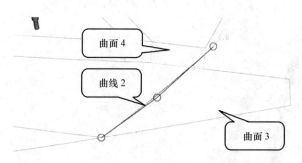，然后单击【2 Points】，选择两点创建一条曲线（曲线 2）；单击"2 Points"对话框中的【Modify】，在 2 点之间的位置单击，创建第 3 个控制点；拖动控制点的位置，使曲线与点云形状贴合，如图 2-242 所示。

图 2-242 创建曲线 2

5）单击 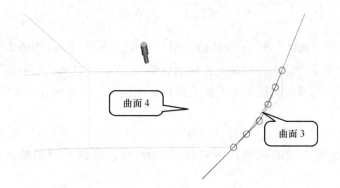，然后单击【Face】，在"Faces"对话框中选择"Object"和"View"，利用图 2-242 所示的曲线 2 对曲面 3 和曲面 4 进行裁剪。

6）单击 ，然后单击【Blend】，创建如图 2-243 所示的曲线 3（桥接曲线）。

图 2-243 创建曲线 3

7）单击 ，然后单击【Face】，在"Faces"对话框中选择"Object"和"View"，利用图 2-243 所示的曲线 3 对曲面 4 进行裁剪。

8）至此，边界裁剪完成，效果如图 2-244 所示。

10. 后处理

1）单击 ，把坐标系的 XZ 平面作为当前工作平面。

2）单击 ，然后单击【Mirror】，在弹出的"Mirror"对话框中勾选"Duplicate"，如图 2-245 所示；选择右侧曲面，将其镜像到左侧，如图 2-246 所示。

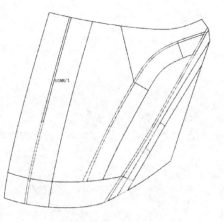

图 2-244 边界裁剪后的效果

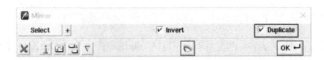

图 2-245 "Mirror" 对话框

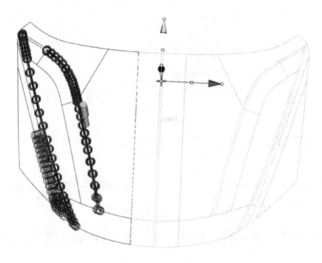

图 2-246 镜像曲面

3）单击"服务功能区"的  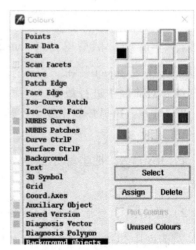 按钮（组织分配工具），弹出如图 2-247 所示的"Objects"对话框；在第 1 个输入框中输入部件名，第 2 个输入框中输入目标子集名，然后单击【Assign - >】；选择构成发动机舱盖的所有曲面，单击鼠标中键确定，把这些曲面从当前的子集移动到 33r 子集。

4）按下快捷键"Ctrl + F"，弹出如图 2-248 所示的"Colours"对话框；单击【Select】，选择第 1 排第 4 个的灰色；再单击【Assign】，选择所有曲面，将曲面颜色改为灰色。

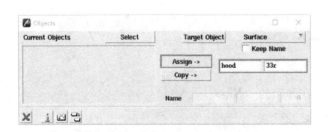

图 2-247 "Objects" 对话框

图 2-248 "Colours" 对话框

5）按下快捷键"Ctrl + A"，弹出"Display"对话框；勾选对话框中的"Facets"，显示点云曲面。

6）单击 ↺，然后单击【Transl】，勾选"Translate"对话框中的"Duplicate"，如图2-249所示；单击【1st Vector】，弹出"Selection（Vector）"对话框；单击"X"后再单击【OK】；选择点云曲面，并在"Translate"对话框中的"Distance"输入框中输入"1000"，单击【OK】，复制一份点云曲面，用于和制作的曲面进行高光评价对比。

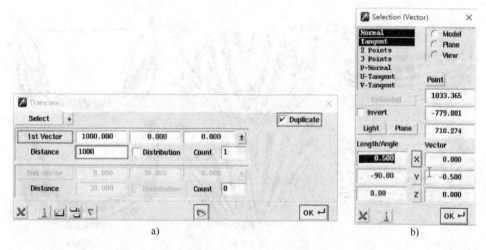

a)　　　　　　　　　　　　　　　　b)

图2-249　"Translate"和"Selection（Vector）"对话框

7）选择下拉菜单【Display】/【Highlight】命令，弹出如图2-250所示的"Highlight"对话框；勾选"On"，单击"X""Y"或"Z"，即可显示对应方向上的高光线，高光线的分布反映了曲面形体特征和曲面之间的连续性关系。如图2-251所示，上方曲面为点云曲面，下方曲面为制作曲面，通过对比可以评价曲面质量。

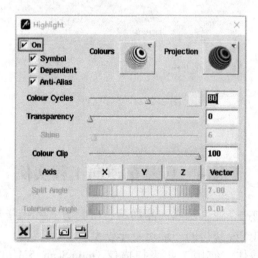

图2-250　"Highlight"对话框

图 2-251a 所示为 X 方向的高光线。在方框区域内，点云曲面的高光线比制作曲面更密，原因是原始曲面在该区域处有一条翻边。

图 2-251b 所示为 Y 方向的高光线。在方框区域内，点云曲面的高光线与制作曲面不同，其原因是制作曲面将最中间的圆角贯穿了整个曲面，如果能够在发动机舱盖前侧使这道圆角逐渐消失，可能就会消除此处的差异。

图 2-251c 所示为 Z 方向的高光线。点云曲面的高光线与制作曲面基本一致，制作曲面的质量比点云曲面更好一些。

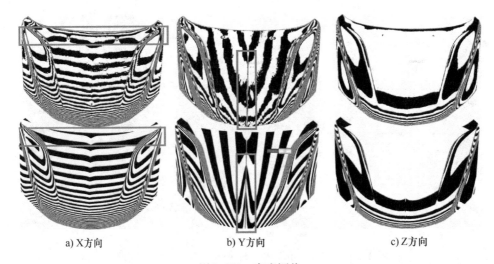

a) X方向　　　　　　　b) Y方向　　　　　　　c) Z方向

图 2-251　高光评价

8）最后保存文件，如图 2-252 所示。

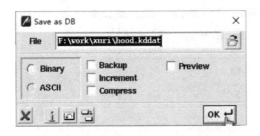

图 2-252　保存文件

任务 4　玩具车逆向工程实例

我国有上千家玩具制造企业，玩具产品类型、贸易方式和销售渠道都呈现各自的特点。图 2-253 所示为通过逆向建模获得的一辆玩具车模型。

本任务以玩具车为载体，使用工业级扫描仪 OptimScan-5M 进行扫描，使用 Geomagic Design X 作为数据处理软件，最后在 Siemens NX 10 软件中完成逆向建模。实施流程如图 2-254所示。

图 2-253　玩具车模型（逆向模型）

图 2-254　实施流程

2.4.1　数据采集

1. 系统标定

OptimScan-5M 扫描仪如图 2-255 所示。开始扫描前应先标定系统，标定的精度将直接影响系统的扫描精度。如果在使用过程中已经标定过系统，在系统未发生任何变动的情况下，进行下一次扫描时可以不用再进行标定。

一般遇到以下情况需要进行标定：

1）扫描仪初次使用，或长时间放置后使用。

2）扫描仪使用过程中发生碰撞，导致相机位置偏移。

3）扫描仪在运输过程中发生严重振动。

4）扫描过程中频繁出现拼接错误、拼接失败等现象。

5）更改扫描范围时对相机进行了位置调整。

打开 OptimScan-5M 的配套扫描软件，即 Shining3D，单击【扫描】选项卡中的【相机标定】按钮，进入系统标定界面。

（1）调整扫描仪角度　通过调整云台，使扫描仪的安装角度达到使用要求。一般情况下，要求扫描仪光栅投射方向与地面尽量垂直，扫描仪左右相机尽量水平对称。

（2）调整测量距离　测量距离是指标定过程中采集第一幅图片时，扫描仪到标定板平面的距离，也是扫描时的最佳距离。标定或扫描开始前，都要让扫描仪与目标物体之间尽量接近这个距离。

首先，根据扫描仪的扫描范围和标定板规格先粗略地调整扫描仪测量距离。放平标定板后，调整扫描仪高度（一般通过三脚架），使扫描仪相机视窗中的标定板成像范围略小于标定板的外形尺寸，此时扫描仪与标定板之间的距离接近最佳值。图 2-256 所示为测量距离合适时的成像。

图 2-255　OptimScan-5M 扫描仪

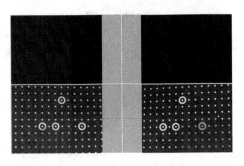

图 2-256　测量距离合适时的成像

（3）调整十字及相机参数　如图 2-257 所示，标定界面上端有"投影设置"和"相机设置"模块。勾选"十字"选项，将一张白纸放在标定板上，纸上会出现黑色十字亮线；通过调节投影仪光圈使黑色十字达到最清晰的状态，然后轻微调整扫描仪的高度和相机角度（调整相机角度需使用内六角工具），使黑色十字与界面视窗显示的红色十字重合，如图 2-258 所示。

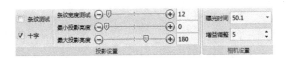

图 2-257　投影设置和相机设置

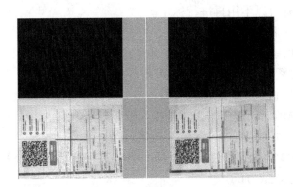

图 2-258　使黑色十字和红色十字重合

在标定板上放一张有字的白纸，稍微调节最大亮度值和增益值，使相机视窗里的图片微微泛红；在视窗里双击鼠标左键可以放大该相机采集窗口，能够更清楚地观察纸上的字迹或图案是否清晰，以判断相机焦距是否调到合适的状态。如图 2-259 所示，左相机视窗显示的是放大后的图片，右相机视窗为原始状态。在左相机视窗里再次双击鼠标左键，使相机视窗返回正常大小。

调整结束后，取消勾选"十字"，重新回到标定界面。

（4）选择标定板参数　如图 2-260 所示，在"标定范围"中选择所使用标定板的范围，

"标定板号"一栏中会出现对应的标定板号，需确认与所用标定板后面标明的板号是否相同。

图 2-259 调整相机参数

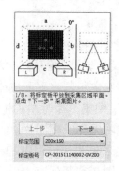

图 2-260 选择标定板参数

（5）采集标定数据 图 2-261 所示红色框处是操作向导区，按照向导提示开始采集标定数据。首先按向导提示摆放标定板，摆放的方位最好和图示的方位一致；通过调增益值来调节图像的光度，图上微微一点红色时为佳；单击【下一步】，则图片采集成功，接着出现下一个向导提示，再次根据提示摆放标定板并采集图片，直到按照向导提示采集完 8 张图片。

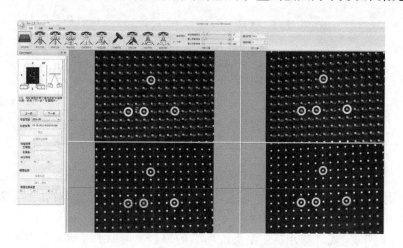

图 2-261 按照向导提示采集完 8 张图片

标定注意事项：

1）采集图片时请恰当摆放标定板的位置，使标定板上的点可以尽量多地被识别出来。

2）采集第一张图片时，尽量使标定板上的所有点都能被识别；而其他几次图片采集时，不强制要求能识别标定板上所有的点。

3）建议按操作向导指示的方位和顺序来采集每个位置的图片，不过上述顺序只是一种推荐方法，只要确保每个位置的标定板都摆放正确即可。

4）在采集某幅图像时，如果质量不好，可以通过单击【上一步】将其删除，再重新采集此位置的图像。

5）界面左上角的向导操作中有例如"1/8"这样的数字提示，可以知道目前操作是第几步。当完成"8/8"的提示操作时，即 8 个位置标定数据采集全部完成。最后进行标定计算时，确保每个位置有且只有一幅图片，总共8幅图片。

6）在采集过程中可能会出现某个位置的图片采集困难的情况，可以调整"最大投影亮度"和"增益调整"等选项，然后返回标定界面，重新采集。

7）在采集第"5/8"和"6/8"位置图片时，可以上下移动标定板，也可以升降三脚架，具体以实际操作方便为准自由选择。

8）在采集第"7/8"和"8/8"位置图片时，需要将标定板一端垫起，垫起高度不要过低，大概使标定板与水平面成40°，角度太小时容易导致标定误差较大，甚至标定失败。

9）如果采集图片时左右相机没有同时采集成功，则需重新调整，使左右相机都采集成功，才算成功采集一幅图片。

10）在采集图片过程中和标定成功后，都不要再调整镜头光圈和焦距等硬件设备，一旦再调整，则需重新标定。

（6）标定计算　在完成8张图片的采集后，单击【标定】，等待片刻，【标定】按钮下方的界面上将会出现标定结果，如图2-262所示。

如果标定结果可用，则界面上会弹出对话框提示"标定成功"，如图2-263所示。一般X、Y、Z的误差值都不超过0.02mm即可。若标定误差太大，则会弹出对话框提示"标定失败"。如果标定失败，则需要再次进行标定。

图2-262　标定结果　　　　　　图2-263　标定成功

（7）应用标定结果　如果显示"标定成功"，单击【确定】则会弹出图2-264所示的对话框。

单击【是】，则出现"应用标定结果成功"的提示，再单击【确定】即可。

注意：每次标定成功后，一定要"应用标定结果"，否则新的标定结果不会被使用。

间隔了一段时间后再次打开扫描软件时，需要进行精度检测，如图2-265所示。如果通过检测，则不需再进行标定；否则要重新标定。

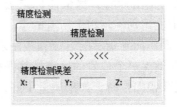

图2-264　　是否应用标定结果　　　　　图2-265　　精度检测

2. 扫描前准备

在扫描之前要先做一些前期准备工作，如待扫描零件的表面处理，选择和粘贴标志点。

（1）零件表面处理　零件的表面质量对扫描的顺利进行影响较大。如果零件的表面太吸光或者太反光，必须用显像剂进行处理。只有亮但不反光的表面适合扫描，例如木雕类，陶瓷类零件等。另外，要保证零件表面干净，无明显的干扰污渍，同时也要将零件放平稳。图 2-266 所示为给玩具车喷涂反差增强剂。喷涂前要将反差增强剂摇晃至均匀，喷涂时与玩具车模型应保持适当的距离。

图 2-266　喷涂反差增强剂

（2）标志点　为完整地扫描一个三维的物体，通常需要在被扫描物体表面贴上标志点。要求标志点粘贴牢固、平整。根据像素和识别精度的关系，一般按表 2-3 选择标志点。

表 2-3　扫描范围与标志点直径的对应关系　　　　　　　　　　（单位：mm）

扫描范围	标志点直径（内圆）
400×300	14
300×225	14
200×150	6
100×75	3
60×45	1.5

在粘贴标志点时应注意：

1）标志点尽量要随机贴在物体表面上的平坦区域，与曲面边缘的距离保持为 12mm。

2）两两相邻标志点的最小距离应保持在 20～100mm 之间，图 2-267a 所示为标志点正确分布。

3）不要人为地将标志点分组排列，如图 2-267b 所示。

4）标志点尽量不要贴在一条直线上，如图 2-267c 所示。

根据玩具车模型，选择内径为 1.5mm 的标志点。在玩具车前后左右及上下方位均粘贴标志点，如图 2-268 所示。

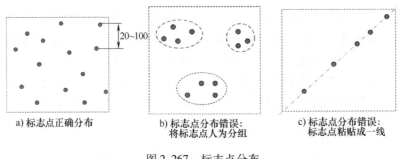

a) 标志点正确分布

b) 标志点分布错误：
将标志点人为分组

c) 标志点分布错误：
标志点粘贴成一线

图 2-267　标志点分布

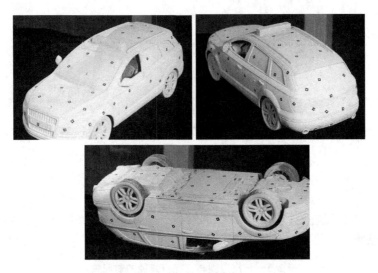

图 2-268　在玩具车上粘贴标志点

3. 自动拼接扫描

（1）新建工程　打开 OptimScan-5M 的配套扫描软件，即 Shining3D，在弹出的界面中单击【新建工程】，如图 2-269 所示。然后输入文件名并选择路径保存新建工程，再单击【保存】即可进入软件首界面。

图 2-269　新建工程

（2）选择扫描拼接方式　在扫描开始之前，需要确定数据模型的拼接方式。当被扫描物体不能通过单次扫描操作达到预期要求时，需要对其进行多次扫描。而进行多次扫描就涉及扫描的多个单片数据模型之间如何进行整合拼接的问题。Shining3D 提供两种拼接方式：标志点自动拼接和非标志点自动拼接（手动拼接），可根据扫描物体的具体情况进行选择。

1）自动拼接。若物体大小适中，表面纹理较简单，且表面有较多的平坦区域适合粘贴标志点时，可选择标志点自动拼接方式。

设置：单击【扫描】选项卡中的【拼接扫描】按钮即可，如图 2-270 所示。

优点：扫描方便快捷，拼接迅速准确。

缺点：点云重复率较高，物体贴点后扫描得到的数据模型需要对标志点处进行补洞处理。

2）手动拼接。对于某些尺寸极小的物体，由于表面细节过于复杂，或者其他原因不适合粘贴标志点时，建议选择手动拼接方式。

设置：单击【扫描】选项卡中的【手动扫描】按钮即可，如图 2-270 所示。

优点：扫描较自由，不受公共标志点个数限制；点云重复率较低；所得数据模型不需要进行补洞处理。

缺点：数据模型之间需要进行手动选点拼接，拼接后要进行优化。

图 2-270　扫描方式

由于玩具车模型大小适中，表面均匀地喷涂了反差增强剂，整体呈现白色，而且表面有较多的平坦区域，所以选择【拼接扫描】。

（3）设置扫描参数　扫描玩具车模型时的参数设置如图 2-271 所示。

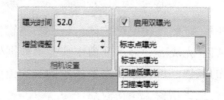

图 2-271　扫描玩具车模型时的参数设置

图 2-271 中的【双曝光】选项卡用于设置不同阶段的相机参数，以扫描表面颜色明暗相间的物体。如果扫描对象是黑白对比鲜明的物体，则需要勾选"启用双曝光"选项；如果扫描对象是一般灰白或中立颜色的物体，则不需要勾选此选项。勾选"启用双曝光"后，会激活其下侧的下拉菜单，界面如图 2-272 所示。

图 2-272　勾选"启用双曝光"后的下拉菜单

（4）扫描操作　在扫描玩具车模型时，按照车头、车身、车尾、车身左右两侧、车底的大致顺序进行，最后查看是否有未扫描到的部位，若有则继续扫描，直到整个模型全部扫描完整为止。

将被测物体摆放平稳，单击【扫描】按钮，投影仪在物体上投射一系列光栅，如图2-273所示。信息栏中显示扫描进度条，系统自动存储该次扫描结果，左侧的资源管理器中出现已扫描的数据模型列表，如图2-274所示。

扫描完成后，窗口右侧会出现一些用于编辑的快捷功能键，包括旋转、方法、矩形选择、套索选择和删除等操作。在扫描界面可以利用这些快捷功能键对数据模型进行编辑。这里不对玩具车模型进行编辑，直接单击窗口右下角"✓"按钮进行确定，一次扫描完成。

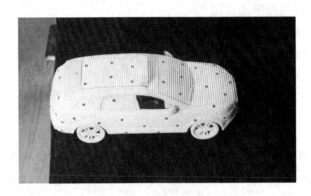

图2-273　扫描玩具车模型头部

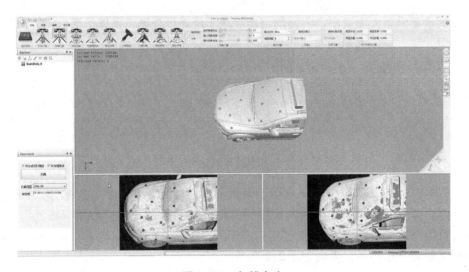

图2-274　扫描车头

依据单次扫描步骤，按照一定的规律翻动物体，继续扫描物体其他部分，标志点自动拼接，如图2-275所示。多次扫描完成后，显示视窗中会显示数据模型自动拼接后的三维效果图，窗口左上角会显示当前的点数和单元数。需要注意的是，当前扫描的标志点与上次扫描的标志点的公共点应尽量多，至少需要3组对应点。

为便于扫描，扫描有些部位时，可以将玩具车模型局部垫高，如图2-276所示。

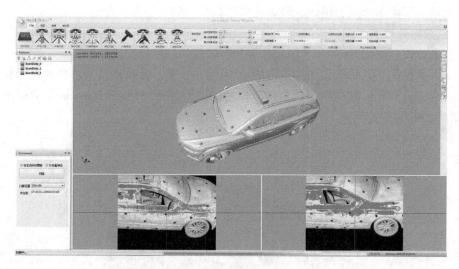

图 2-275　继续扫描

在扫描过程中要仔细检查是否有未扫描到的部位，确保整个实物全部扫描完整。如图 2-277 所示，箭头所指处数据缺失，需要继续扫描补全。

图 2-276　扫描时局部垫高

图 2-277　查找未扫描到的部位

（5）保存扫描数据　选择资源管理器中已扫描的全部数据模型列表，单击"保存"按钮 ，保存已扫描的全部数据，如图 2-278所示。在弹出的"Save"对话框中输入文件名，并选择保存类型为"Ascii Points File（＊.asc）"，单击【保存】。

2.4.2　数据处理

点云数据处理的主要内容为：

1）导入点云数据。

2）对点云数据进行杂点消除。

3）按照一定比例进行采样。

4）对精简后的数据进行平滑处理。

5）三角面片化，把点云封装成三角面片。

图2-278　单击"保存"按钮

6）如果点云由多片点云组成，最后还要进行结合或者合并操作。

本实例数据处理的详细步骤如下。

1）打开软件。启动 Geomagic Design X 应用软件。

2）导入数据模型。单击界面左上方的"导入"按钮，玩具车模型由多片点云构成，全选这些点云数据后单击【仅导入】，玩具车模型的点云数据就导入到 Geomagic Design X 软件中了，结果如图 2-279 所示。

图 2-279　导入的玩具车点云数据

3）删除无关数据。选择图 2-279 所示左下角圆圈内的数据，按下键盘上的 Delete 键将其删除。

4）结合。即将选定的点云或者面片在不进行重新构建要素的情况下合并成为单一的点云或者面片，如图 2-280 所示。单击【点】选项卡中的【结合】命令，界面下方会出现多片点云的缩略图，在缩略图中将这些点云全部选中，勾选"结合"对话框中的"删除重叠领域"选项，单击"OK"按钮☑。

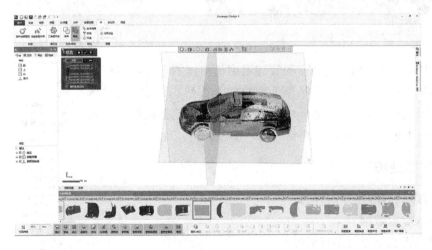

图 2-280　结合操作

5）消除杂点。即从点云中清理杂点群或者删除不必要的点。单击【点】选项卡中的【杂点消除】命令，弹出"杂点消除"对话框，保持默认的参数设置，单击"OK"按钮。

6）平滑。即降低点云外部形状的粗糙度。单击【点】选项卡中的【平滑】命令，弹出"平滑"对话框，保持默认的参数设置，单击"OK"按钮。

7）三角面片化。即通过连接3D扫描数据范围内的点创建单元面，以构建面片。对象可以是整个点云，也可以是点云中的一部分参照点。单击【点】选项卡中的【三角面片化】命令，弹出"单元化"对话框，参数设置如图2-281所示，单击"OK"按钮☑完成操作。

8）加强形状。用于锐化面片上的尖锐区域（棱角），同时平滑平面或圆柱面区域，以提高面片的质量。单击【多边形】选项卡中的【加强形状】按钮，弹出"加强形状"对话框，参数设置如图2-282所示，单击"OK"按钮☑完成操作。

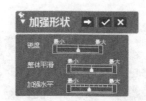

图2-281 "单元化"对话框　　　　图2-282 "加强形状"对话框

9）面片的优化。根据面片的特征形状，设置单元边线的长度和平滑度，以优化面片。单击【多边形】选项卡中的【面片的优化】按钮，弹出"面片的优化"对话框，参数设置如图2-283所示，单击"OK"按钮☑完成操作。

10）平滑。通过平滑操作可以消除面片上的杂点，降低面片的粗糙度，可以用于整个面片，也可以用于局部选定的单元面。单击【多边形】选项卡中的【平滑】按钮，弹出如图2-284所示的对话框，保持默认的参数设置，单击"OK"按钮☑完成操作。

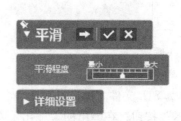

图2-283 "面片的优化"对话框　　　　图2-284 "平滑"对话框

11）填孔。粘贴标志点的位置会留下孔洞，需要对其进行填补。单击【多边形】选项卡中的【填孔】按钮，在"填孔"对话框中，"方法"设为"曲率"，表示根据边界的曲率来创建单元面填充孔；选择标记点粘贴处的孔洞，如果选错孔洞边界，可以再次单击以取消选择，最后单击"OK"按钮✅完成填孔。图2-285和图2-286所示为填孔前后的对比。

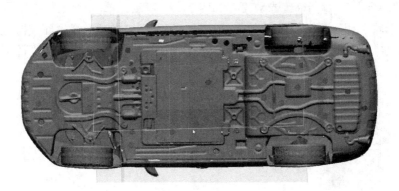

图2-285　填孔前

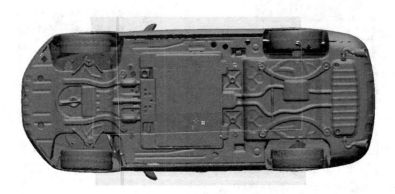

图2-286　填孔后

在填孔过程中如果弹出如图2-287所示的提示框，说明该孔洞边缘存在问题，不能直接填孔。可以先删除该孔洞附近的区域，再重新填孔，如图2-288所示。

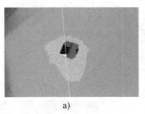

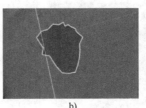

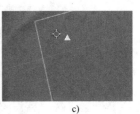

图2-287　填孔失败　　　　　　　图2-288　填孔操作
　　　　提示框

12）输出为STL文件。单击【菜单】/【文件】/【输出】命令，选择特征树中的玩具车模型，单击"OK"按钮；在弹出的"输出"对话框中，选择保存类型为"Binary STL File（*.stl）"，并输入文件名为"小汽车"，单击【保存】，如图2-289所示。

图 2-289　输出为 STL 格式

2.4.3　逆向建模

1. 确定产品基准

1）导入玩具车扫描数据模型，如图 2-290 所示。

图 2-290　导入玩具车扫描数据模型

2）首先需确定坐标系。调整坐标系，使轮子的底部所在的平面与当前坐标基准面平行，并将坐标系原点放置到四个轮子的中心，如图 2-291 所示，再将坐标系原点上移 100mm，获得基准坐标系，如图 2-292 所示。

3）通过【快速造面】命令，在小平面体上选择点进行造面，如图 2-293 所示。注意：每选择首尾两个点后，需单击【接受点】。在选择过程中可能会有一些卡顿情况。

4）将创建的面通过 XC-ZC 平面检测镜像后的面偏差情况，验证坐标系的合理性，如图 2-294 所示。如有细微偏差，可适当调整坐标系原点位置。

5）通过【移动对象】命令将所有对象重新定位，移动至绝对坐标系，如图 2-295 所示。

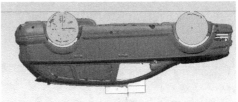

图 2-291 绘制四个轮子

图 2-292 设置坐标系原点

图 2-293 快速造面

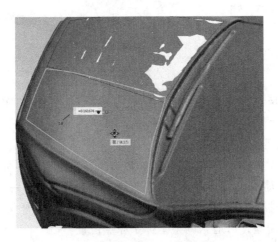

图 2-294 检测镜像后的面偏差情况

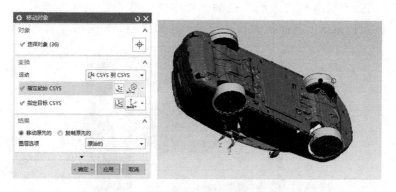

图 2-295 将所有对象移动至绝对坐标系

2. 制作发动机舱盖及风窗玻璃大面

1）通过【截面曲线】命令，截取 Y 方向的曲线。起点为 "100"，终点为 "－100"，步长为 "15"，如图 2-296 所示。

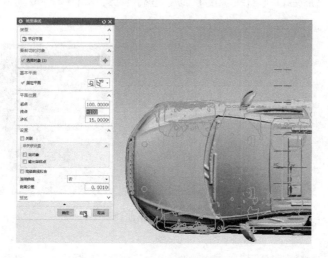

图 2-296 截取截面曲线

2）通过【基本曲线】命令中的圆弧功能，在截面曲线上通过 3 点绘制圆弧。绘制上部以及中间的两条圆弧，再通过镜像获得另一侧曲线，如图 2-297 所示。

图 2-297 绘制圆弧

3）通过【通过曲线组】命令创建曲面，将中间曲线适当延长至与两侧曲线大致等长后，再通过【扩大】命令，将面扩大后进行观察，如图 2-298 所示。

图 2-298　风窗玻璃曲面制作

4）显示之前截取的中心线，将中心线在发动机舱盖合适处进行分割，如图 2-299 所示。分割的曲线适当光顺后通过【曲线长度】命令进行延长，如图 2-300 所示。

图 2-299　分割曲线

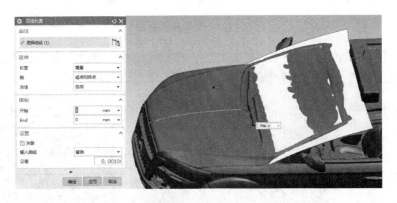

图 2-300　延长曲线

5）通过【规律延伸】命令对延长后的曲线对称延伸，再通过【抽取曲线】命令抽取两端的曲线。利用【通过曲线组】命令通过 3 条曲线重新生成曲面，如图 2-301 所示。可通过【移动对象】命令移动抽取的曲线，进而对曲面进行调整，使其大致达到所需形状。

图2-301 调整曲面

6）通过【X型】命令，对曲面进行逐步调整，如图2-302所示。

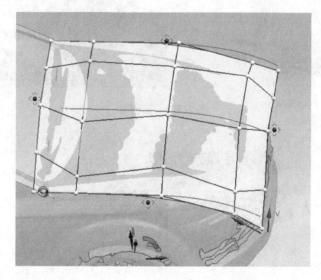

图2-302 通过【X型】命令对曲面进行调整

7）曲面调整后，由于零件为对称件，先对曲面进行修剪，之后抽取中心线及边界线，并对曲线进行适当的光顺处理，再将边界线镜像至另一侧；最后利用【通过曲线组】命令重新生成曲面，如图2-303所示。

3. 制作玩具车顶面

1）可以参考发动机舱盖曲面的创建方法，制作玩具车顶面的曲面，如图2-304所示。

2）通过【偏置面】命令将顶面和风窗玻璃面均偏置1mm，并进行【面倒圆】，如图2-305所示。圆角大小根据实际情况进行逐步调整。

4. 制作玩具车侧面大面

1）通过【基本曲线】中的圆弧功能，利用在汽车侧面捕捉的3个点绘制圆弧。

2）通过【曲线长度】命令对圆弧进行延长。

3）通过【规律延伸】命令对曲线进行延伸，如图2-306所示。

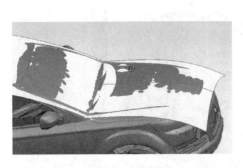

图 2-303　重新生成发动机舱盖曲面

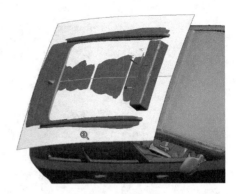

图 2-304　玩具车顶部曲面创建

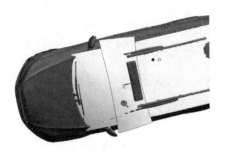

图 2-305　面倒圆

图 2-306　延伸出曲面

4）通过【X 型】命令对曲面进行逐步调整，如图 2-307 所示。将调整后的曲面镜像至另一侧并观察效果，如图 2-308 所示。

图 2-307　通过【X 型】命令进行调整

图 2-308　将曲面镜像至另一侧

5. 制作车尾部分

1）通过小平面体上的 3 点绘制圆弧。由于该部分是对称的，将曲线从中间打断，选择一侧曲线并将其镜像至另一侧，同时中间端点往回缩进一定距离，再通过【桥接曲线】命令进行桥接，使获得的曲线关于 XZ 平面对称，如图 2-309 所示。

图 2-309　桥接曲线

2）通过【连结曲线】命令将曲线合并成一条样条曲线。

3）通过【规律延伸】命令对曲线进行延伸，如图 2-310 所示。

4）通过【面倒圆】命令进行倒圆角处理，并进行修剪，如图 2-311 所示。

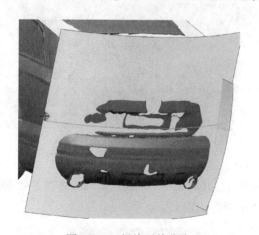

图 2-310　规律延伸曲线　　　　　图 2-311　面倒圆

5）将坐标系原点移动至尾部平面处，创建一个贴合的平面，如图 2-312 所示。

6）将新创建的平面及尾部与侧面的面偏置一定距离，如图 2-313 所示。通过【相交曲线】命令抽取相交曲线，如图 2-314 所示。

7）通过【在面上偏置曲线】命令将交线向外偏置 2.5mm。

8）通过【桥接曲线】命令对曲线进行桥接，如图 2-315 所示。

9）通过【通过曲线组】命令创建曲面，如图 2-316 所示。

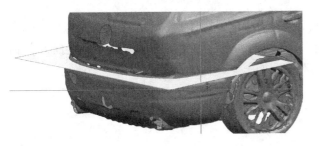

图 2-312　创建平面

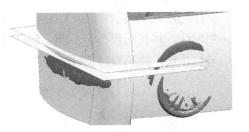

图 2-313　偏置面

图 2-314　抽取相交曲线

图 2-315　桥接曲线

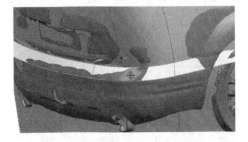

图 2-316　通过曲线组创建曲面

10）通过【修剪片体】命令对片体进行修剪，如图 2-317 所示。如果片体效果不理想，可以先抽取边线，再采用【通过曲线组】命令重新生成曲面。

图 2-317　修剪片体

6. 制作轮胎及相关位置

1）通过【基本曲线】命令中的直线功能，创建一条平行于 Y 方向的直线，并通过【管道】命令使其成为圆柱体。之后通过【移动对象】命令移动圆柱体中心线位置并进行细微调整，再将圆柱体复制到前轮位置，如图 2-318 所示。

图 2-318　创建圆柱体后进行位置调整并复制

2）通过【偏置面】命令将圆柱体端面缩回至合适位置。然后通过【修剪体】命令等方式大致完成 4 个轮胎，如图 2-319 所示。

3）接下来处理轮眉。先对轮胎的边线进行拉伸，通过【偏置面】命令偏置到合适位置，并通过【偏置面】、【修剪片体】、【相交曲线】等命令完成大致形状，如图 2-320 所示。

4）由于轮眉部分不是平直的面，有一定弧度，因此需要进行调整。通过【等参数曲线】命令抽取线，并利用【通过曲线组】命令创建曲面，再将中间的线通过【移动对象】命令适当地向外移动一定距离，使其适当产生弧度，如图 2-321 所示。

图 2-319　4 个轮胎

图 2-320　轮眉位置

5）通过【基本曲线】中的直线命令，绘制一条平行于 Y 方向的直线，并通过【规律延伸】命令进行拉伸，再向下偏置，如图 2-322 所示。

6）通过【相交曲线】命令求取两条交线，再利用【通过曲线组】命令创建曲面，如图 2-323 所示。通过【延伸片体】命令，将轮眉部分的片体适当延长，并进行修剪，如图 2-324所示。

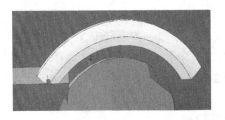

图 2-321　轮眉位置调整并修剪

图 2-322　规律延伸并向下偏置至合适位置

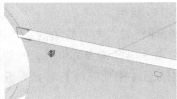

图 2-323　求取交线并创建曲面

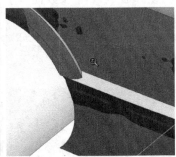

图 2-324　延长片体并修剪

7）通过【移动对象】命令，将后轮的片体移动至前轮，并采用与后轮轮眉相似的方法创建前轮轮眉，如图 2-325 所示。

8）将坐标系原点放置在玩具车底部电池盒位置，通过【整体突变】命令创建一个平面并进行观察。通过【面倒圆】命令进行倒圆角，并进行修剪，如图 2-326 所示。

9）适当旋转坐标系，使轮眉片体大致处于垂直方

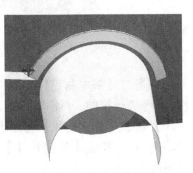

图 2-325　创建前轮轮眉

图 2-326　面倒圆

位，再抽取片体的轮廓线，并对轮廓线进行拉伸、修剪，如图 2-327 所示。这样获得的片体较为精准。

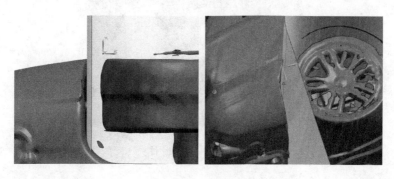

图 2-327　创建片体

10）显示片体，并进行修剪；修剪完成后可以修改片体颜色，以便于观察，如图 2-328 所示。

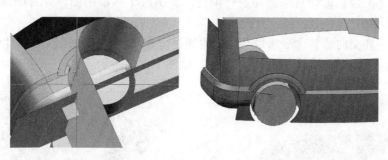

图 2-328　修剪片体

7. 制作后窗玻璃

1）通过【基本曲线】命令绘制两条圆弧线，并通过【扫掠】命令创建曲面；对曲面适当偏置及扩大后，再通过【X 型】命令进行调整，如图 2-329 所示。

2）对后窗玻璃的片体进行修剪，并抽取边线，再将侧面边线镜像至另一侧。通过【通过曲线组】命令进行片体的创建。如果趋势不理想，可以抽取等参数曲线，并将曲线镜像至另一侧，再利用【通过曲线组】命令进行曲面创建，如图 2-330 所示。

 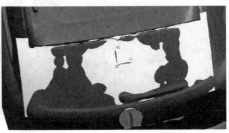

图 2-329　创建片体并调整

图 2-330　创建片体

8. 制作侧窗玻璃

1）通过【基本曲线】命令中的圆弧功能绘制圆弧。

2）通过【规律延伸】命令对圆弧进行拉伸。

3）通过【X 型】命令对圆弧面进行调整。显示汽车顶部的面，并对圆弧面进行修剪，如图 2-331 所示。

4）通过【相交曲线】命令求取交线，再通过【在面上偏置曲线】命令对相交曲线进行偏置，并利用【通过曲线组】命令创建曲面，如图 2-332 所示。

图 2-331　修剪片体　　　　　　　　　　　图 2-332　创建曲面

5）显示之前已经创建好的片体，并进行修剪，如图 2-333 所示；观察是否还有需要修改之处。

图 2-333 修剪片体

6）由于尾部的面有一些下压，因此在合适位置通过【截面曲线】命令获得曲线，并抽取边界曲线（后续需移动，需通过【移除参数】命令移除曲线的参数）。

7）利用【通过曲线组】命令创建曲面；通过【移动对象】命令移动边界曲线并进行调整，如图 2-334 所示。

图 2-334 创建、调整曲面

8）由于与上一步所生成的面不相切，通过【面倒圆】命令进行倒圆角处理，并进行修剪，如图 2-335 所示。缝合面并向上偏置一定距离。

9）通过【面倒圆】命令进行倒圆角处理，并进行延伸及修剪，如图 2-336 所示。

9. 制作车头

1）通过【基本曲线】命令绘制两端圆弧，并镜像至另一侧，中间部分通过【桥接曲线】命令进行桥接，如图 2-337a 所示。

2）将两端曲线通过【规律延伸】命令进行拉伸，并进行倒圆角及修剪处理，如图 2-337b 所示。

3）通过【截面曲线】命令截取曲线，再通过曲线上的点绘制一条直线，拉伸后抽取边界线并将曲线参数移除。

4）通过【通过曲线组】命令创建曲面；通过【移动对象】命令选择两条边线或者单独选择中间的线进行调整，如图 2-338 所示。

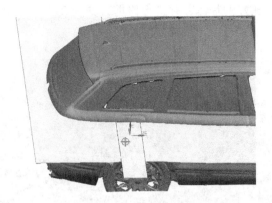

图 2-335　面倒圆

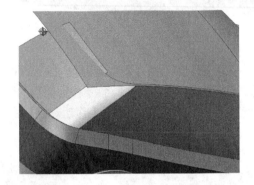

图 2-336　面倒圆并修剪

a)　　　　　　　　　　　　　　　b)

图 2-337　创建曲面

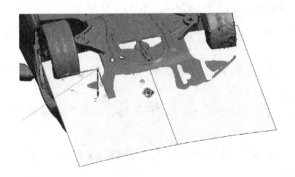

图 2-338　调整后的曲面

5）通过【面倒圆】命令进行倒圆角处理，并修剪，如图 2-339 所示。

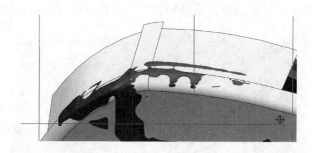

图 2-339　面倒圆

6）通过之前的平面，对前部片体进行修剪。通过【在面上偏置曲线】命令，将曲线向内偏置一定距离。

7）通过【规律延伸】命令进行延伸，并修剪，如图 2-340 所示。

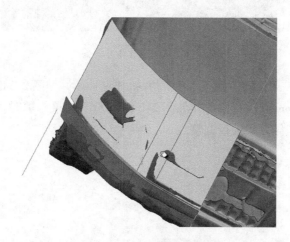

图 2-340　规律延伸并修剪

8）显示其他片体对象，并对片体进行适当修剪，如图 2-341 所示。

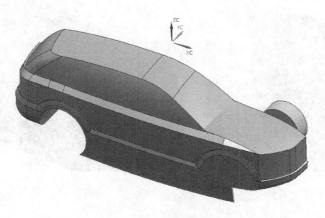

图 2-341　修剪片体

10. 数据模型细节完善

1) 在车头前照灯处，根据扫描数据绘制直线，拉伸后进行修剪，如图 2-342 所示。

图 2-342　创建片体并修剪

2) 在风窗玻璃处，根据轮廓绘制曲线，并拉伸出片体，如图 2-343 所示。

3) 将顶部偏置 1mm 并进行修剪，如图 2-344 所示。如果修剪时报错，根据实际情况，可通过延长或调整公差等方式进行调整。

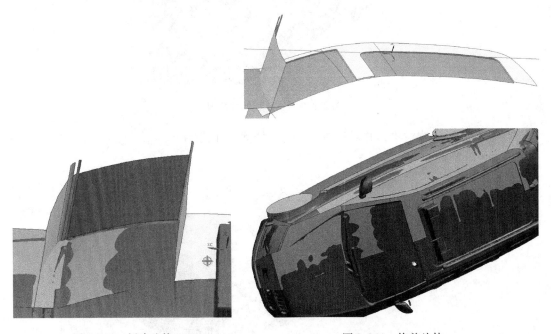

图 2-343　创建片体　　　　　　　　　　图 2-344　修剪片体

4) 对发动机舱盖处的曲面利用【通过曲线组】命令、【X 型】命令等进行多次调整，直至形状较为接近扫描结果，如图 2-345 所示。

5）对多余片体进行修剪，如图 2-346 所示。

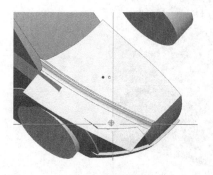

图 2-345　对发动机舱盖曲面进行调整

图 2-346　修剪多余片体

6）修剪片体后，抽取边界线并进行桥接，如图 2-347 所示。

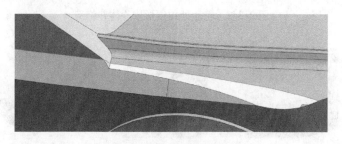

图 2-347　桥接曲线

7）适当调整曲线长度，并对片体进行修剪。通过【扫掠】、【通过曲线组】等命令重新创建曲面，并进行修剪，如图 2-348 所示。

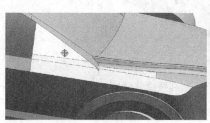

图 2-348　重新创建曲面并修剪

8）在轮胎处拉伸形成片体并修剪，如图 2-349 所示。

9）创建玩具车底部特征并进行修剪，如图 2-350 所示。

10）将片体修剪后，通过【缝合】命令进行缝合，并将其镜像至另一侧。再将 2 个片体缝合成为一个实体，如图 2-351 所示。

11）至此，玩具车的大致形状已经完成，如图 2-352 所示。

12）接下来需对实体进行细节的逐步完善，主要包括尾翼、外后视镜、刮水器、车灯等。可结合之前曲面建模的方法以及实体建模的相关知识，完成实物的后续细化建模，如图 2-353 所示。

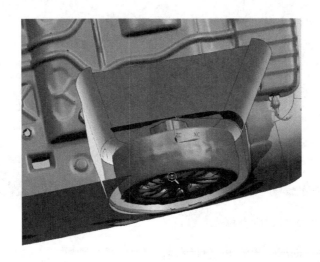

图 2-349　轮胎处拉伸形成片体并修剪

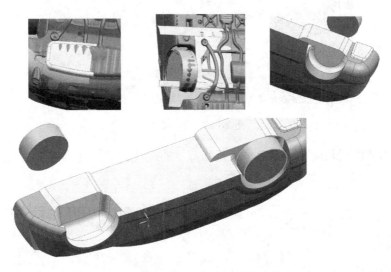

图 2-350　创建玩具车底部特征并修剪

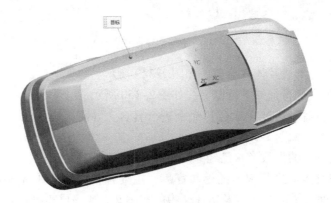

图 2-351　缝合成为一个实体

图 2-352　玩具车形状大致完成

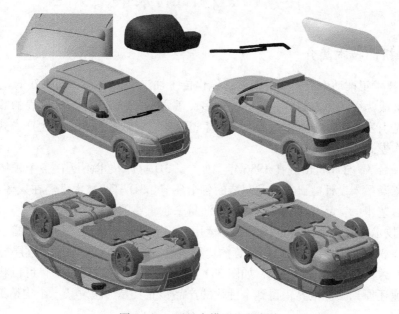

图 2-353　玩具车模型细节完善

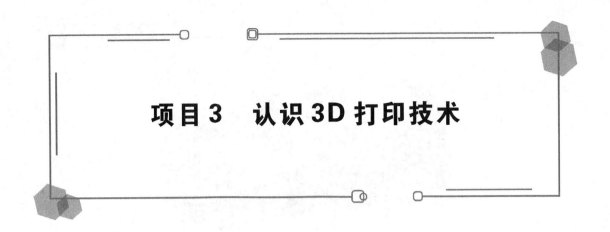

项目3　认识3D打印技术

任务1　3D打印技术介绍

3.1.1　3D打印技术简介

3D打印技术正推动生产方式的变革，优化传统加工制造方式，催生新的生产模式。3D打印技术势必成为引领未来制造业趋势的众多突破之一。以3D打印为代表的数字化制造技术，被认为是引发第三次工业革命的关键因素，认为它将改变制造业的生产方式，进而改变产业链的运作模式。

全球第一台3D打印机出现在1986年。如今，3D打印技术不断在各个领域展现其神奇的魅力，正逐渐融入设计、研发以及制造的各个环节。3D打印技术已经在人体器官、医药、汽车、太空、艺术、食品、建筑等各领域扮演越来越重要的角色。

3D打印技术是由数字模型直接驱动，运用金属、塑料、陶瓷、树脂、蜡、纸和砂等可黏合材料，在3D打印机上按照程序计算的运行轨迹，通过"分层制造，逐层叠加"来构造与数据描述一致的物理实体的技术，如图3-1所示。利用3D打印技术，可以将虚拟的、数字的物品快速还原到实体世界，得到个性化的产品，尤其是形状复杂、结构精细的物体。

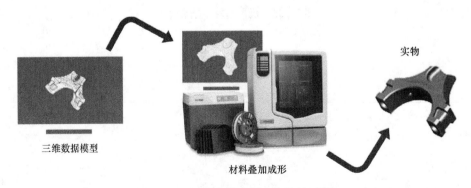

三维数据模型

材料叠加成形

实物

图3-1　3D打印技术制造实物的过程

准确地讲，3D打印应称为快速成形技术（Rapid Prototyping，RP）。然而，从用户的使用体验而言，快速成形技术设备与普通平面打印机极为相似，都是由控制组件、机械组件、打印头、耗材和介质等组成，打印成形过程也很类似。所以，快速成形技术才会被形象地称为3D打印。

3D打印与传统生产制造方式属于不同的技术范畴。传统的生产制造方式属于等材制造或减材制造技术范畴，而3D打印则属于增材制造技术范畴。

等材制造是指在制造过程中，基本上不改变材料的量，或者改变很少。典型的等材制造技术如铸造、焊接、锻压等制造技术。图3-2所示为铸造。

图3-2　铸造

减材制造是指对毛坯进行加工，去除多余的材料，毛坯由大变小，最终形成所需要形状的零件。典型的减材制造技术如车削加工、钻削加工、磨削加工等金属切削加工技术。图3-3所示为车削和钻削加工。

图3-3　车削加工和钻削加工

增材制造是采用材料逐渐累加的方法制造实体零件的技术，相对于传统的材料去除即切削加工技术，增材制造是一种"自下而上"的制造方法，如图3-4所示。

图3-4　增材制造：在零件上用激光沉积焊接

传统的制造方式属于减材制造或等材制造技术范畴，适合大批量、规格化生产，成本随量而变；3D打印属于增材制造技术范畴，能实现"设计即生产"，适合于小批量生产，且成本均一，易于定制化。3D打印对原材料的损耗较小，可节省模具制造、锻压等工艺的时间成本和资金成本。与传统制造相比，3D打印技术既有优势也有劣势。

3.1.2　3D打印技术的特点

1. 优势

（1）从制造成本来看

1）生产周期短，节约制模成本。3D打印技术可利用三维数据模型直接制造实体零件，无须经历制造模具和试模等传统制造工艺，大大缩短了生产周期，也节约了制模成本。

2）复杂零件制造能力强。对于3D打印技术而言，制造形状复杂的物体时，仅是数据模型不同，制造的难易程度与制造简单物体并无太大不同，也不会额外消耗更多的时间、材料等成本，如图3-5所示。而采用传统加工工艺时，一个形状复杂零件的制造是相当耗时费力的，有的甚至无法制造。

3）产品制造多样化。同一台3D打印设备按照不同的数据模型，使用相同材料，即可实现多个形状不同的物体的制造；而传统制造设备的功能较为单一，能够制作的产品的形状种类有限，成本相对也较高。

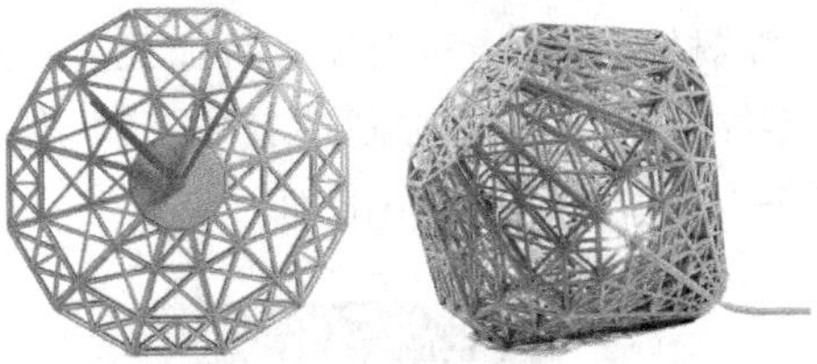

图3-5　3D打印复杂结构物体

（2）从所制产品来看

1）可实现个性化产品定制。对于3D打印技术，从理论上讲，只要计算机建模设计出的三维数据模型，3D打印机就可以打印出来。人们可以根据需要对数据模型进行任何个性化修改，实现复杂产品、个性化产品的生产。这一点在医学领域的应用显得尤为重要和适宜。个性化制造符合患者需求，对患者来讲意义重大，诸如义齿、人造骨骼和义肢等，如图3-6所示。

2）产品部件一体化成形。3D打印技术可以使部件一体化成形，不需要各个零件单独制造后再组装，有效地压缩了生产流程，减少了劳动力的使用和对装配技术的依赖。传统生产中，产品生产是经流水线逐步生产、组装的，部件越多，组装和运输所耗费的时间和成本也就越多。

图3-6　3D打印的义肢

3）突破设计局限。传统制造受制于生产工具和制造工艺，并不能随心所欲地生产设想中的产品。3D打印技术突破了这些局限，可以轻松实现设计者的各种设计想法，大大拓宽了设计和制造空间。

（3）从生产过程来看

1）制造技能门槛低。3D打印技术采用计算机控制制造的全过程，降低了对操作人员技能的要求，不再依赖熟练工人的技术能力来控制产品的精度、质量和生产速度，开辟了非技能制造的新商业模式，并能在远程环境或极端情况下为人们提供新的生产方式。

2）废弃副产品较少。3D 打印制造的副产品较少。尤其在金属制造领域，传统金属加工浪费量惊人，而采用 3D 打印技术进行金属加工时浪费量很小，节能环保。

3）精确的产品复制。3D 打印技术依托三维数据模型生产产品，在批量产品的一致性控制方面是基于从模型的数据转变为实体的过程，因而可以精确地创建副本，如图 3-7 所示。

4）材料无限组合。对于传统制造技术，在切割或模具成形的过程中，不能轻易地将不同原材料结合成一件产品；而对于 3D 打印技术，却可将以前无法混合的原材料混合成新的材料，这些材料种类繁多，甚至可以被赋予不同的颜色，具有独特的属性或功能，如图 3-8 所示。

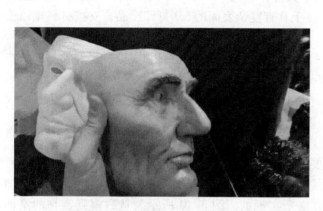

图 3-7　高精度创建实物副本

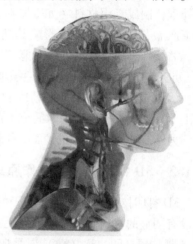

图 3-8　3D 打印多材料混合彩色实物

2. 劣势

3D 打印技术并非无所不能，还有许多技术困难没有得到完美解决。在产品精度、强度、硬度、实用性等方面还有很大的提升空间。

（1）制造精度问题　3D 打印技术的成形原理是"分层制造，堆叠成形"，这使得其产品中普遍存在台阶效应，如图 3-9 所示。尽管不同方式的 3D 打印技术（如粉末激光烧结技术）已尽力降低台阶效应对产品表面质量的影响，但效果并不尽如人意。分层虽然已经做得非常薄（目前，层厚可达 14μm），仍会形成"台阶"，尤其是圆弧形表面，出现"台阶"是不可避免的。

图 3-9　3D 打印产品呈现的台阶效应

此外，很多3D打印方式需要进行二次强化处理，如二次固化、打磨等。处理过程中对产品施加的压力或温度，都会造成产品变形，进一步造成产品精度降低。

（2）产品性能问题 分层堆叠成形方式，使得层与层之间的结合强度无法与整体材料的强度相匹敌，在一定的外力作用下，3D打印的产品很容易解体，尤其是层与层之间的结合处。

现阶段的3D打印技术，由于成形材料的限制，其制造的产品在诸如硬度、强度、柔韧性和可加工性等性能方面，与传统制造加工的产品还有一定的差距。

（3）材料问题 目前可供3D打印使用的材料，虽然种类在不断地扩大，但相对于应用需求来讲还是太少。此外，由于3D打印加工成形方式的特殊性，很多材料在使用前需要经过处理，制成专用材料（如金属粉末、塑料线材），这使得打印成形的产品在质量上与传统加工产品有一定的差距，影响其功能性。另外，一些3D打印方式制成的产品表面质量较差，需要经过二次加工处理才能应用。对于具有复杂表面的3D打印产品，支撑材料难以去除，也会对产品质量和应用产生影响。

（4）成本问题 目前高精度的3D打印机价格高昂，成形材料和支撑材料等耗材的价格也不菲。这使得在不考虑时间成本的情况下，3D打印技术相对传统加工的优势荡然无存。

另外，如果打印产品的表面质量不高，后处理成为必要环节时，人力和时间成本也随之上升。

3.1.3 3D打印技术的工作原理

3D打印技术是"增材制造"的主要实现形式。它有很多种成形工艺，有些成形工艺看似没有明显的材料叠加过程，但无论哪种工艺，实际上都是用"分层制造，逐层叠加"，即逐（薄）层打印，逐（薄）层叠加的方法来实现的。图3-10所示为从数模到实物的桌面3D打印系统。

例如，采用3D打印技术制作一只小象模型的过程如下：

1）要利用三维建模软件建立小象的三维数据模型。

2）将三维数据模型转换成3D打印系统可以识别的文件，并进行数据分析，将数据模型进行切片处理，得到适应3D打印系统的分层截面信息。

3）3D打印设备按照数据信息每次制作一层具有一定微小厚度和特定形状的截面，并逐层黏结，层层叠加，最终得到小象模型。整个制造过程在计算机的控制之下，由3D打印系统自动完成，如图3-11所示。

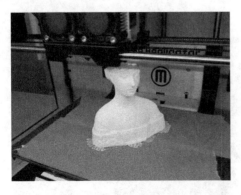

图3-10 从数模到实物的桌面3D打印系统

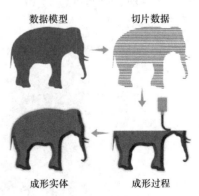

图3-11 从数模到实物的过程

3D打印从设计到分析再到制造生产的整个流程如图3-12所示。

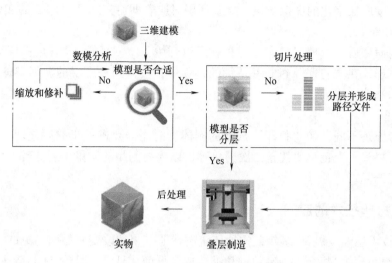

图3-12　3D打印成形实施流程

1. 三维建模

3D打印制造过程的开始和普通打印一样，也需要一个打印源文件，即数据文件。3D打印的数据模型源文件一般由三维制图或建模软件生成，属于软件生成的矢量模型，如图3-13所示。通过实体建模，将对产品的创意落实成人或机器可以理解的形式，是将创意转化为实物的第一步。三维模型设计完成后，还要进行分析检查，看其是否适合进行"打印"，是否需要进行表面平滑处理和瑕疵修正等。

图3-13　3ds Max制作的三维数据模型

2. 切片处理

三维数据模型必须经由两个处理步骤才能完成"打印程序"，即切片与传送。切片是指将数据模型细分成可以打印的薄层，然后计算其打印路径，即得到分层截面信息，从而指导成形设备分层制造。

切片处理后，将数据模型文件保存为设计软件和成形系统之间协作的标准文件格式，即形成切片文件。成形设备的客户端软件读取切片文件，并将这些数据传送至硬件。硬件读取切片文件，即读取数字化的虚拟薄层，这些薄层对应着即将实际"打印"的实体薄层。

3. 叠层制造

收到控制命令后，物理"打印"过程就可以开始了。"打印"设备全程自动运行，根据不同的成形原理，在"打印"进行并持续的过程中，会得到一层层的截面实体并逐层黏结，直至整个实体制造完毕。

4. 后处理

由于成形原理不同，经"打印"成形的实体有时还需要进一步的后处理，如去除支撑、打磨、组装、拼接、上色喷漆甚至二次固化等，以提高制品的质量。后处理之后，就可以得到原本的创意产品。

3.1.4　3D 打印技术的应用

3D 打印技术已经发展 30 多年，它给传统制造业带来的改变是显而易见的。随着技术的发展，数字化生产技术将会更加高效、精准，成本低廉，3D 打印技术在制造业大有可为。

1. 工业制造

3D 打印技术在工业制造领域的应用不言而喻，其在产品概念设计、原型制作、产品评审和功能验证等方面有着明显的优势。对于单件、小批量金属零件或某些特殊复杂的零件来说，其开发周期短、成本低的优势尤为突出。

图 3-14 所示是福特汽车公司为福特汽车爱好者提供的 3D 打印福特汽车模型，并提供了打印数据供下载。3D 打印的小型无人飞机、小型汽车等概念化产品已问世，3D 打印的家用器具模型也被用于企业的宣传和营销活动中。

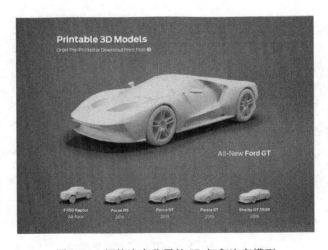

图 3-14　福特汽车公司的 3D 打印汽车模型

2. 医疗行业

3D 打印技术在医疗领域发展迅速，市场份额不断提升。3D 打印技术为患者提供了个性化治疗的条件，可以根据患者的个人需求定制假体，例如义齿、义肢等，甚至人造骨骼也已成为现实。

3D 打印技术制造的机械手，如图 3-15 所示，能够实现不同的持握动作。

此外，通过3D打印技术可以得到病人的软、硬组织模型，为医生提供准确的病理模型，帮助医生更好地了解病情，合理制定手术规划和方案设计。

图3-15 3D打印技术制造的机械手持握积木

另外，研究人员正在研究将生物3D打印技术应用于组织工程和生物制造，期望通过3D打印机打印出与患者自身需要完全一样的组织工程支架。在接受组织液后，组织工程支架可以成活，形成有功能的活体组织，为患者进行移植、代替损坏的脏器带来了希望，为解决器官移植的来源问题提供了可能。

3. 航空航天、国防军工

在航空航天领域会涉及很多形状复杂、尺寸精细、性能特殊的零部件的制造。3D打印技术可以直接制造这些零部件，并制造一些传统工艺难以制造的零件。

某航空发动机制造厂商利用3D打印技术，以钛合金为原材料，制造出了首个最大的民用航空发动机（图3-16）组件，即发动机的前轴承，是一个类似于拖拉机轮胎大小的组件。

图3-16 民用航空发动机（切割模型）

4. 文化创意、数字化娱乐

3D打印技术在文化创意和数字化娱乐领域的应用也具有其独特的技术优势。通过3D打印技术，可以生产各种形状结构复杂、材料特殊的艺术品，例如电影道具、角色模型等，由3D打印技术制成的小提琴甚至接近手工制作的水平。

5. 艺术设计

对于很多创意模型套件、鞋类、服饰、珠宝和玩具等，3D打印技术也可发挥作用，可以很好地展示创意，如图3-17所示。设计师可以利用3D打印技术快速地将自己所设计的产品变成实物，方便快捷地将产品模型提供给客户和设计团队，提供及时沟通、交流和改进的可能，在相同的时间内缩短了产品从设计到市场销售的时间，以达到全面把控产品开发进程的目的。3D打印技术使更多的人有机会展示丰富的创造力，使艺术家们可以在最短的时间内释放出崭新的创作灵感。

图3-17 3D打印技术制造的珠宝

6. 建筑工程

设计建筑物或者进行建筑效果展示时，常会制作建筑模型。传统建筑模型采用外包加工手工制作而成。手工制作工艺复杂，耗时较长，人工费用过高，而且只能做简单的外观展示，无法体现设计师的设计理念，更无法进行物理测试。3D打印技术可以方便、快速、精确地制作建筑模型，展示各式复杂结构和曲面，百分之百地体现设计师创意，可用于外观展示及风洞测试，还可用于建筑工程及施工模拟。有的巨型3D打印设备甚至可以直接打印建筑物本身，如图3-18所示。

图3-18　3D打印技术建造的豪华别墅

7. 教育

3D打印技术在教育领域也可以大有作为，可以为教学提供模型，以用于验证科学假设，可以覆盖不同的学科实验和教学。在一些中学、普通高校和军事院校，3D打印技术已经被用于教学和科研，如图3-19所示。

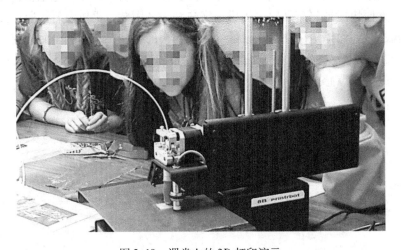

图3-19　课堂上的3D打印演示

8. 个性化定制

3D 打印技术可以使人们在提供数据模型的条件下，打印属于自己的个性化产品。可以在基于网络数据下载条件下提供个性化打印定制服务。当然，这也会涉及一些诸如知识产权等法律问题，有待完善。

以上虽然罗列了 3D 打印技术应用的诸多方面，但目前 3D 打印技术仍有许多困难没有克服，限制了它的普及和推广。未来随着 3D 打印材料的开发，工艺方法的改进，智能制造技术的发展，新的信息技术、控制技术和材料技术的不断更新，3D 打印技术也必将迎来自身的技术跃进，其应用领域也将不断扩大和深入。

任务2　3D 打印技术的系统组成

3D 打印技术的整个系统是集机械、控制及计算机技术等为一体的机电一体化系统。使用 3D 打印技术制造产品时，需要由软、硬件共同协作完成。一般来说，3D 打印技术系统组成主要有软件、硬件两大部分。

3.2.1　3D 打印的软件

3D 打印中使用的软件主要包括：建模软件、数据处理软件和设备控制软件。

1. 建模软件

只有拥有三维数据模型，才可以打印出与三维数据模型一致的实体，三维数据模型是 3D 打印的制造依据。

建模软件用以辅助设计人员完成产品的三维设计。设计人员通过建模软件，可以在假想空间详细完整地表达产品的设计细节和需求，如图 3-20 所示。

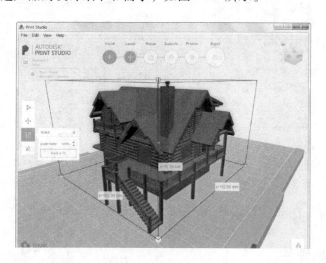

图 3-20　图形设计软件 AUTOCAD 为 3D 打印推出的增强功能

目前，用于构建三维数据模型的软件有很多，可根据设计对象的形状和用途选择合适的建模软件。

2. 数据处理软件

3D 打印的基本原理是"分层制造,堆叠成形"。因此,3D 打印之前,需要对三维数据模型进行数据处理,包括将数据模型文件从模态结构转化成数字结构,并对转化过程中产生的错误进行检测、数据修复、转换、切片(分层),以及为数据模型添加必要支撑(便于堆叠)等操作,进而生成 3D 打印设备可识别执行的数字文件,如图 3-21 所示。

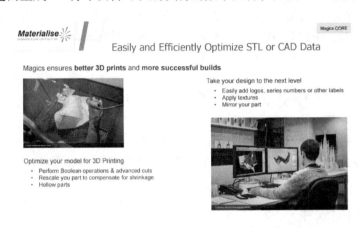

图 3-21　数据处理软件 Materialise Magics 在 3D 打印中的应用

3. 设备控制软件

设备控制软件主要根据导入的数据处理生成机器代码,并控制、监测 3D 打印设备完成成形加工。图 3-22 所示为盈普 TPM3D 设备的控制软件 EliteCtrlSys 的界面。

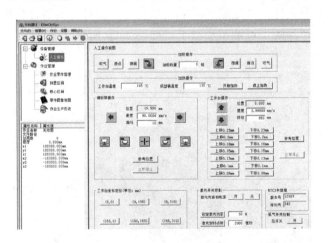

图 3-22　盈普 TPM3D 设备的控制软件 EliteCtrlSys

3.2.2　3D 打印的硬件

3D 打印的硬件主要是指 3D 打印成形设备,如图 3-23 所示,俗称 3D 打印机,是 3D 打印系统的核心组成部分。

3D 打印机的工作过程与普通平面打印机基本相同,打印机内装有打印材料,根据数据模型的切片信息,按照既定路径逐层打印成形,然后层层叠加,直到形成实体。

图 3-23　Stratasys 公司的 3D 打印机

3.2.3　3D 打印的材料

材料是 3D 打印技术发展的重要物质基础，材料的丰富和发展程度决定了 3D 打印技术是否能够普及使用或者更好发展。反过来，材料瓶颈已成为制约 3D 打印技术发展的首要问题。打印材料的使用，受限于打印技术原理和产品应用场合等因素。3D 打印所使用的原材料都是为 3D 打印设备和工艺专门研发的，这些材料与普通材料略有区别。3D 打印中使用的材料形态多为粉末状、丝状、片层状和液状等。

据报道，现有的 3D 打印材料已经超过 200 种，但相对于现实中多种多样的产品和纷繁复杂的材料，200 多种还是非常有限，工业级的 3D 打印材料更是稀少。目前，3D 打印材料主要包括工程塑料、光敏树脂、橡胶类材料、金属材料和陶瓷材料等；除此之外，彩色石膏材料、人造骨粉、细胞生物原料及砂糖等食品材料也在 3D 打印领域得到了应用。

1. 工程塑料

当前应用最广泛的一类 3D 打印材料是工程塑料。工程塑料是指被用来制作工业零件或外壳的工业用塑料，是强度、耐冲击性、耐热性、硬度及抗老化性均优的塑料。常见的有 ABS 类塑料、PC 类塑料、PLA 类塑料、亚克力（Acrylic）类塑料和尼龙类塑料等。

ABS（丙烯腈-丁二烯-苯乙烯共聚物）塑料无毒无味，呈象牙色，如图 3-24 所示，具有优良的综合性能，有极好的耐冲击性，尺寸稳定性好，电性能、耐磨性、抗化学药品性、染色性、成型加工和机械加工性能都较好。它的正常形变温度超过 90℃，可进行机械加工（如钻孔和攻螺纹）、喷漆和电镀等，是常用的工程塑料之一。缺点是热变形温度较低，可燃，耐热性较差。

ABS 塑料是熔融沉积成形（FDM）工艺中最常使用的打印材料。由于其良好的染色性，目前有多种颜色的 ABS 塑料可以选择，如图 3-25 所示，这使得"打印"出的实物省去了上色的步骤。

3D 打印使用的 ABS 塑料通常做成细丝盘状，通过 3D 打印喷嘴加热熔融成形。由于塑

图 3-24　ABS 塑料　　　　　　　　　　　图 3-25　彩色 ABS 塑料

料从喷嘴中喷出后需要立即凝固，喷嘴加热的温度控制在高出 ABS 塑料熔点 1～2℃。不同的 ABS 塑料，其熔点也不同，对于不能调节温度的喷嘴，是不能够通配的，因此需要格外注意材料的来源，建议从原厂购买。ABS 是消费级 3D 打印用户最喜爱的打印材料，如用于打印玩具和创意家居饰品等，如图 3-26 所示。

　　PC 中文名称是聚碳酸酯，是一种无色透明的无定性热塑性塑料，如图 3-27 所示。聚碳酸酯无色透明、耐热、抗冲击、阻燃，在普通使用温度内具有良好的力学性能，但耐磨性较差，一些用于易磨损用途的聚碳酸酯器件需要对表面进行特殊处理。

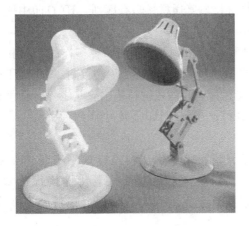

图 3-26　ABS 材质的 3D 打印制品　　　　　图 3-27　PC 塑料

　　PC 塑料是真正的热塑性塑料，具备强度高、耐高温、抗冲击、抗弯曲等工程塑料的所有特性，可作为最终零部件材料使用。使用 PC 塑料制作的样件，可以直接装配使用。PC 塑料的颜色较为单一，只有白色，其强度比 ABS 塑料高出 60% 左右，具备超强的工程材料属性，广泛应用于电子消费品、家电、汽车制造、航空航天和医疗器械等领域，如图 3-28 所示。

　　此外，还有 PC-ABS 复合材料，它也是一种应用广泛的热塑性工程塑料。PC-ABS 兼具 ABS 的韧性和 PC 的高强度及耐热性，大多应用于汽车、家电及通信行业，如图 3-29 所示。

图 3-28　3D 打印 PC 塑料制品

图 3-29　PC-ABS 黑色复合材料

使用 PC-ABS 复合材料制作的零件强度较高，可以实现真正热塑性部件的生产，因此该材料可用于制作手机外壳、计算机和商业机器壳体、电气设备、草坪园艺机器、汽车仪表板、内部装饰及车轮盖等。产品类型包括概念模型、功能原型、工具及最终零部件等，如图 3-30 所示。

PLA（聚乳酸）纤维是一种可生物降解的材料，如图 3-31 所示，它的力学性能及物理性能良好，适用于吹塑、热塑等各种加工方法，加工方便、用途广泛。此外，它还具有较好的相容性，良好的光泽性、透明度、抗拉强度及延展度等，制成的薄膜具有良好的透气性，因此 PLA 可以根据不同行业的需求，制成各式各样的应用产品。

图 3-30　PC-ABS 黑色材料的 3D 打印半成品

图 3-31　PLA（聚乳酸）纤维

PLA 塑料熔丝是另一种常用的 3D 打印材料。与 ABS 塑料相比，PLA 一般情况下不需要预先加热，更易使用且更加适合低端的 3D 打印设备，其可降解的特性，使得它在消费级 3D 打印设备生产中成为较受欢迎的一种环保材料。PLA 有多种颜色可供选择，而且还有半透明的红、蓝、绿及全透明的材料，但通用性不高。

PMMA（聚甲基丙烯酸甲酯，图 3-32），也就是人们常说的亚克力材料，是由甲基丙烯酸甲酯单体聚合而成的材料，它具有水晶般的透明度，用染料着色又有很好的展色效果。亚克力材料有良好的加工性能，既可以热成型，也可以机械加工。它的耐磨性接近于铝材，稳定性好，能耐多种化学制品腐蚀。亚克力材料具有良好的适印性和喷涂性，采用适当的印刷和喷涂工艺，可赋予亚克力制品理想的表面装饰效果。

亚克力材料表面光洁，可以"打印"出透明和半透明的产品。目前利用亚克力材质可以打印牙齿模型，用于牙齿矫正。

尼龙（图3-33）是一种强大而灵活的工程塑料，在化学上属于聚酰胺类物质，耐冲击性强，耐磨性好，耐热性佳，高温下使用不易热劣化。自然色彩为白色，但很容易上色。尼龙材料在加热后，黏度下降比较快，因此从3D打印机喷嘴喷出来时，比较容易流动。尼龙系列很多，其中尼龙6最常用，因其具有高熔点，耐热性佳，不易加热溶解等特性，制作出来的成品在高温下也不易产生变化。

图3-32　PMMA（聚甲基丙烯酸甲酯）　　　　　图3-33　尼龙

此外，尼龙铝粉是选择性激光烧结（SLS）成形技术的常用材料。尼龙铝粉就是在尼龙粉末中掺杂一部分铝粉，使打印出的成品富有金属的光泽。当铝粉含量增大到50%（质量分数）时，制成品的热变形温度、拉伸强度、弯曲强度、弯曲模量和硬度比单纯尼龙烧结件分别提高了87℃、10.4%、62.1%、122.3%和70.4%。此外，烧结件的拉伸强度、拉伸断裂应变、冲击强度也随着铝粉平均粒径的减小而增大。尼龙材料制品多用于汽车、家电和电子消费品领域。

2. 光敏树脂

光敏树脂即Ultraviolet Rays（UV）树脂（图3-34），由聚合物单体与预聚体组成，其中加有光（紫外光）引发剂（或称为光敏剂）。在一定波长的紫外光（波长为250～450nm）照射下能立刻引起聚合反应完成固化。光敏树脂一般为液态，可用于制作高强度、耐高温、防水材料。

3. 橡胶类材料

橡胶类材料（图3-35）具备多种级别弹性材料的特征，这些材料所具备的硬度、拉断伸长率、撕裂强度和拉伸强度，使其非常适合于要求防滑或柔软表面的应用领域。3D打印的橡胶类产品主要有消费类电子产品、医疗设备以及汽车内饰、轮胎、垫片等。

4. 金属材料

近年来，3D打印技术逐渐应用于实际产品的制造，其中，金属材料的3D打印技术发展尤其迅速，3D打印金属零部件一直是研究和应用的重点。3D打印所使用的金属粉末一般要求纯净度高、球形度好、粒径分布窄、氧含量低。目前，应用于3D打印的金属粉末材料主要有钛合金、钴铬合金、不锈钢和铝合金材料等，此外还有用于打印首饰的金、银等贵金属粉末材料。

图 3-34 光敏树脂

图 3-35 橡胶材料

钛是一种重要的结构金属，钛合金（图 3-36）因具有强度高、耐蚀性好、耐热性好等特点而被广泛用于制作飞机发动机压气机部件，以及火箭、导弹和飞机的各种结构件。钴铬合金是一种以钴和铬为主要成分的高温合金，它的抗腐蚀性能和力学性能都非常优异，用其制作的零部件强度高、耐高温。采用 3D 打印技术制造的钛合金和钴铬合金零部件，强度非常高，尺寸精确，能制作的最小尺寸可达 1mm，而且零部件的力学性能优于经锻造工艺制成的零部件。

不锈钢以其耐空气、蒸汽、水等弱腐蚀介质和酸、碱、盐等化学侵蚀性介质而得到广泛应用。不锈钢粉末是金属 3D 打印经常使用的一类性价比较高的金属粉末材料。3D 打印技术制造的不锈钢零件具有较高的强度，如图 3-37 所示，而且适合打印尺寸较大的物品。

图 3-36 金属材料（钛合金粉末）

图 3-37 3D 打印技术制造的不锈钢零件

5. 陶瓷材料

陶瓷材料（图 3-38）具有高强度、高硬度、耐高温、低密度、化学稳定性好、耐腐蚀等优异特性，在航空航天、汽车、生物等领域有着广泛的应用。但由于陶瓷材料具有硬而脆的特点，其加工成形尤其困难，特别是复杂陶瓷件需通过模具来成形。模具加工成本高、开发周期长，难以满足产品不断更新的需求。

3D 打印用的陶瓷粉末是陶瓷粉末和黏结剂粉末所组成的混合物。由于黏结剂粉末的熔点较低，激光烧结时只是将黏结剂粉末熔化而使陶瓷粉末黏结在一起。在激光烧结之后，需要将陶瓷制品放入温控炉中，在较高的温度下进行后处理。陶瓷粉末和黏结剂粉末的配比会影响陶瓷零部件的性能。黏结剂含量越多，烧结越容易，但在后处理过程中零件收缩比较大，会影响零件的尺寸精度。黏结剂含量少，则不易烧结成形。颗粒的表面形貌及原始尺寸对陶瓷材料的烧结性能影响很大，陶瓷颗粒越小，表面越接近球形，陶瓷层的烧结质量越好。

陶瓷粉末在激光直接快速烧结时液相表面张力大，在快速凝固过程中会产生较大的热应力，从而形成较多微裂纹。目前，陶瓷直接快速成形工艺尚未成熟，国内外正处于研究阶段，还没有实现商品化。

图 3-38　陶瓷材料

6. 其他 3D 打印材料

除了前面介绍的 3D 打印材料外，目前用到的还有彩色石膏材料、人造骨粉、细胞生物原料及砂糖等材料。

彩色石膏材料是一种全彩色的 3D 打印材料，是基于石膏的易碎、坚固且色彩清晰的材料。基于在粉末介质上逐层打印的成形原理，3D 打印成品在处理完毕后，表面可能出现细微的颗粒效果，外观很像岩石，在曲面表面可能出现细微的年轮状纹理，因此，彩色石膏材料多应用于动漫玩偶等领域。

3.2.4　3D 打印材料的选择

传统的制造工艺在切割或在模具内成形的过程中不能轻易地将多种原材料融合在一起，而随着多材料 3D 打印技术的发展，将有能力把不同原材料融合在一起。以前无法混合的原料混合后将形成新的材料，这些材料色调种类繁多，具有独特的属性或功能。

基于零件模型的制作目的，模型大致可分为两类：外观验证模型和结构验证模型。

1）外观验证模型：由工程师设计制作用于验证产品外观的模型套件或直接使用且对外观要求高的模型。外观验证模型是可视的、可触摸的，它可以很直观地以实物的形式把设计师的创意展现出来。外观验证模型制作在新品研发、产品外形推敲的过程中是必不可少的。

基于外观验证模型的需求，建议选用光敏树脂类 3D 打印材料（包括高韧性光敏树脂和透明树脂两种材料）。

2）结构验证模型：在产品设计过程中从设计方案到量产，一般需要制作模具。模具制造的费用很高，如果在开模的过程中发现结构不合理或其他问题，其损失可想而知。因此，使用 3D 打印制作结构验证模型能避免这种损失，降低开模风险。

基于结构验证模型的需求，对精度和表面质量要求不高时，建议选择力学性能较好、价格低廉的材料，比如 PLA、ABS 等材料。

3）如果对外观和结构强度要求都比较高，建议使用尼龙类 3D 打印材料。

3D 打印的主要成本在于 3D 打印的材料，要根据实际的需求选择适合的材料。

任务3 3D打印的成形工艺

3D打印技术可以分为很多种类，见表3-1。现在比较成熟的主流3D打印技术有SLA、SLS、FDM、3DP、LOM等。

表3-1 3D打印技术按成形原理分类

成形原理	技术名称
高分子聚合反应	激光立体光固化（Stereo Lithography Apparatus，SLA）
	高分子打印技术（Polymer Printing）
	高分子喷射技术（Polymer Jetting）
	数字化光照加工技术（Digital Lighting Processing，DLP）
烧结和熔化	选区激光烧结技术（Selective Laser Sintering，SLS）
	选区激光熔化技术（Selective Laser Melting，SLM）
	电子束熔化技术（Electron Beam Melting，EBM）
熔融沉积	熔融沉积成形技术（Fused Deposition Modeling，FDM）
层压制造	层压制造技术（Layer Laminating Manufacturing，LLM）
叠层实体制造	叠层实体制造技术（Laminated Object Manufacturing，LOM）

3.3.1 激光立体光固化技术（SLA）

SLA是最早实用化的3D打印技术。它采用特定波长与强度的激光在计算机的控制下，由预先得到的零件分层截面信息以分层截面轮廓为轨迹连点扫描液态光敏树脂，被扫描区域的树脂薄层发生光聚合反应，从而形成零件的一个薄层截面实体，然后移动工作台，在已固化好的树脂表面再敷上一层新的液态树脂，进行下一层扫描固化，如此重复直至整个零件原型制造完毕，如图3-39所示。

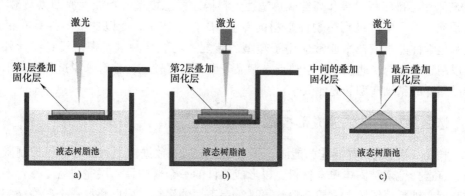

图3-39 SLA快速成形技术

SLA技术主要用于制造多种模具、零件模型等，还可以在原料中加入其他成分，用SLA原型模代替熔模精密铸造中的蜡模。这项技术的特点是成形速度快，精度和光洁度高，但是由于树脂在固化过程中产生收缩，不可避免地会产生应力或形变，运行成本太高，后处理比较复杂，对操作人员的要求也较高，比较适合用于验证装配设计过程。

3.3.2　熔融沉积成形技术（FDM）

FDM是一种挤出成形方式。将FDM设备的打印头加热，使用电加热的方式将丝状材料，诸如石蜡、金属、塑料和低熔点合金丝等，加热至略高于熔点之上（通常控制在比熔点高1℃左右），打印头受分层数据控制，将半流动状态的熔丝材料（丝材直径一般为1.5mm以上）从喷头中挤压出来，凝固成轮廓形状的薄层，一层层叠加后形成整个实物，如图3-40所示。

FDM是现在使用最为广泛的3D打印方式。采用这种方式的设备既可用于工业生产，也可面向个人用户，所用的材料除了白色外，还有其他颜色，可在成形阶段就做出带颜色的效果。这种成形方式中的每一叠加层的厚度相比其他方式较厚，所以多数情况下分层清晰可见，如图3-41所示，处理也相对简单。

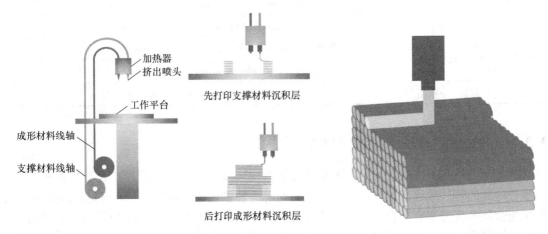

图3-40　FDM快速成形技术　　　　　　图3-41　FDM成形过程

FDM采用标准工程等级和高性能热塑性塑料构建概念模型、功能性原型以及最终零件。因为它是唯一使用生产级别热塑性塑料的专业3D打印技术，所以这些零件具有很好的力学、热和化学性能。该技术通常应用于塑型、装配、功能性测试及概念设计。此外，FDM技术可以用于打样与快速制造，但缺点是制品表面光洁度较差，综合来说这种方式不可能做出像饰品那样的精细造型和光泽效果。

3.3.3　选区激光烧结快速成形技术（SLS）

SLS采用二氧化碳激光器作为能源，根据零件的切片数据模型利用计算机控制激光束进行扫描，有选择地烧结固体粉末材料，以形成零件的一个薄层，一层完成后工作台下降一个层厚的高度，铺粉系统铺上一层新粉，再进行一下层的烧结，层层叠加；全部烧结完成后去掉多余的粉末，再进行打磨、烘干等处理，便可得到最终的零件。需要注意的是，在烧结前，工作台要先进行预热，这样可以减少成形中的热变形，也有利于叠加层之间的结合。具体过程如图3-42所示。

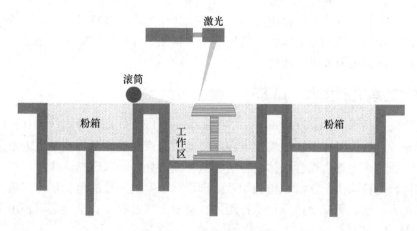

图 3-42   SLS 快速成形技术

与其他快速成形方式相比，SLS 最突出的优点是其可使用的成形材料十分广泛，理论上讲，任何加热后能够形成原子间黏结的粉末材料都可以作为其成形材料。目前，可进行 SLS 成形加工的材料有石蜡、高分子材料、金属、陶瓷粉末和它们的复合粉末材料，成形材料的多样化使得其应用范围也越来越广泛。

SLS 技术的另一个特点是能够制造可直接使用的最终产品，因此 SLS 技术既可归入快速造型的范畴，也可以归入快速制造的范畴。但是，采用这种方式成形的成品表面比较粗糙，无法满足表面平滑的需求。

3.3.4   三维打印技术（3DP）

三维打印技术（Three Dimensional Printing，3DP）才是真正的"3D 打印技术"。因为这项技术和平面打印非常相似，甚至连打印头都是直接用平面打印机的。3DP 技术根据打印方式不同又可以分为热爆式三维打印、压电式三维打印和 DLP（数字化光照加工）投影式三维打印等。这里主要介绍常见的热爆式三维打印。它所用的材料与 SLS 类似，也是粉末状材料，所不同的是这里的粉末材料并不是通过烧结连接起来的，而是通过喷头喷出黏结剂将零件的截面"印刷"在粉末材料上。

3DP 所用的设备一般有两个箱体，一边是储粉缸，一边是成形缸。工作时，由储粉缸推送出一定分量的成形粉末材料，并用滚筒将推送出的粉末材料在加工平台上铺成薄薄一层（一般厚度为 0.1mm），打印头根据数据模型切片后获得的二维片层信息喷出适量的黏结剂，使粉末成形，做完一层，工作平台自动下降一个层厚的高度，重新铺粉黏结，如此循环便会得到所需的产品，如图 3-43 所示。

3DP 的原理和普通打印机非常相似，这也是三维打印这一名称的由来。3DP 最大的特点是小

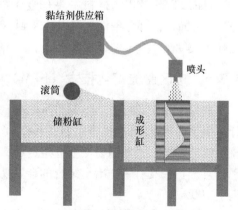

图 3-43   热爆式 3DP 快速成形技术

型化和易操作性，适用于商业、办公、科研和个人工作室等场合，但缺点是精度和表面光洁度都较低。因此在打印方式上的改进必不可少，例如压电式三维打印，类似于传统的二维喷墨打印，可以打印超高精细度的样件，适用于小型精细零件的快速成形，相对于 SLA，其设备更容易维护，产品表面质量也较好。

3.3.5 激光近净成形技术（LENS）

激光近净成形技术（Laser Engineered Net Shaping，LENS）是一种金属3D打印技术，其基本工作原理为：数控机床根据数控加工程序带动激光束移动，激光在基板上聚焦并产生熔池，粉末材料通过送粉器由惰性气体同轴送到激光光斑处，粉末迅速熔化并自然凝固，随着激光头和工作台的移动，叠加沉积出和切片图形形状及厚度一致的沉积层，然后将工作台下降，保证激光头与已沉积层保持原始工作距离，重复上述过程，直至逐层沉积出实体三维零件，如图 3-44 所示。

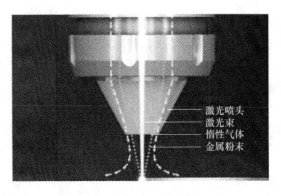

图 3-44　LENS 技术原理

该技术的主要优点在于：制造过程灵活性高，成形零件相对密度高、性能好、组织细小，可直接成形结构零件，可实现梯度材料的过渡或结合，技术集成度高。其缺点在于：需使用高功率激光器，设备造价昂贵，成形时热应力较大，体积收缩率过大，成形精度不高，产品需要后处理才能使用，材料利用率较低，零件形状简单，不易制造带悬臂的结构。

目前 LENS 使用的材料主要是金属粉末材料，粉末颗粒近球形，粒径可以相应放宽到 $53 \sim 105\mu m$，在部分条件下可以放宽到 $105 \sim 150\mu m$，含氧量低于 0.1%（质量分数），流动性好，纯度高。

3.3.6 选区激光熔化技术（SLM）

选区激光熔化技术（Selective Laser Melting，SLM）集成了激光、精密传动、新材料、计算机辅助设计/计算机辅助制造（CAD/CAM）等技术，通过 $30 \sim 80\mu m$ 的精细激光聚焦光斑，逐线搭接扫描新铺粉层上选定区域，形成面轮廓后，层与层叠加成形，从而直接获得几乎任意形状、具有完全冶金结合的金属功能零件，如图 3-45 所示，零件的相对密度可达到近乎 100%。

SLM 将复杂三维几何体简化为二维平面制造，制造成本不取决于零件的复杂性，而是取决于零件的体积和成形方向。

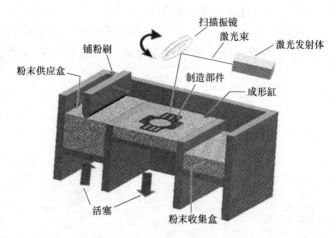

图 3-45 SLM 技术原理图

SLM 是一种激光增材制造技术，同 LENS 技术一起成为目前激光金属"三维打印"制造的重要方式。两者各有优势，其共同点包括：①采用分层制造技术；②使用高功率密度的激光器；③直接制成终端金属产品；④金属零件是具有冶金结合的实体，其相对密度几乎达到100%；⑤适合单件和小批量模具和功能件的快速制造。

SLM 和 LENS 的区别体现在以下几个方面：

1）送粉方式不同。SLM 基于铺粉式，而 LENS 采用同步送粉。SLM 在成形时，粉末通过机械装置定量地送到成形平面上，然后采用滚筒或刮板等铺粉装置推送到成形缸，要求所铺粉末平整、紧实、均匀。LENS 通过送粉装置将粉末运送到喷嘴，在喷嘴处粉末汇聚，要求粉末汇聚性好。

2）光路系统不同。SLM 基于高速动态扫描振镜，而 LENS 则是基于激光束与工作平台的相对运动（激光束运动或者工作平台运动）。SLM 中的高速动态扫描振镜可让激光在7m/s的扫描速度下精确定位与粉末作用的位置，但扫描范围受限于扫描振镜的偏转角度；LENS 中的激光束与工作平台相对运动装置简单，精度取决于机械运动平台的精度。

3）激光与粉末作用位置不同。SLM 成形过程中激光焦点直接作用在成形平面粉床上，而 LENS 采用同步送粉立体成形，激光焦点光斑作用在喷嘴粉末汇聚处。

SLM 金属功能件直接制造与传统制造都需要数字化建模，而建模的过程也就是通过产品的设计来实现产品的功能。产品的设计又需要提取制造信息，以补充设计规则、理论，减少后反馈设计。传统制造将特征识别作为一种映射工具，而基于 SLM 的金属功能件自由制造的理念使其不限于已知的特征，即 SLM 技术拓展了现有的设计特征。同时，SLM 在原理上也有一定约束，设计时需要提取的制造约束信息有：①分层约束；②激光光斑约束；③激光与材料相互作用约束。

3.3.7 叠层实体制造技术（LOM）

LOM 成形工艺采用激光切割系统按照 CAD 分层模型所获得的物体截面轮廓线数据，用激光束将单面涂有热熔胶的片材切割成制件的内外轮廓，切割完一层后，送料机构将新的一层片材叠加上去，利用加热辊压装置将新一层材料和已切割的材料黏合在一起，然后再进行切割，这样反复逐层切割黏合，直至整个零件制作完毕，如图 3-46 所示。之后去除多余的部分，即可得到制件。激光切割时，除了切割出制件的轮廓线，也会将无轮廓线的区域切成小方网格，如图 3-47 所示。网格越小，越容易剔除废料，但花费的时间也相应较长，反之亦然。

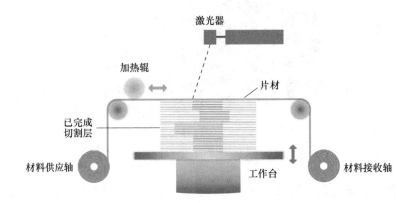

图 3-46　LOM 快速成形技术

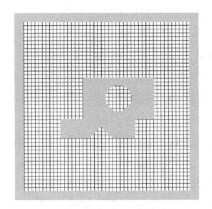

图 3-47　LOM 激光切割的轮廓线和方格线

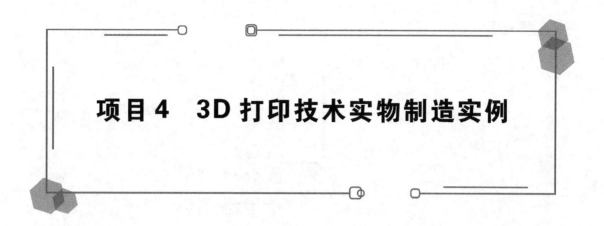

项目4 3D打印技术实物制造实例

任务1 SLA实例：手机共鸣音箱

4.1.1 实例描述

手机共鸣音箱（以下简称音箱）如图4-1所示。

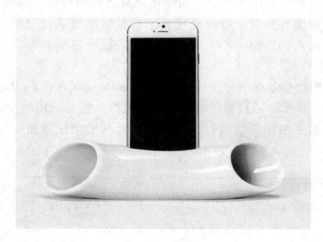

图4-1 手机共鸣音箱

手机共鸣音箱的工作原理是：当手机放入共鸣音箱的座槽内时，音乐就会通过声孔进入共鸣腔，在这里形成共鸣，从而增大音量、加重低音，然后从左、右两个出声口传出，进而使单孔出声的手机声音形成立体声效果，如图4-2所示。

从自然扩音效果和低碳环保的角度来考虑，产品的测试原型应该选择陶瓷材料制成。因为陶瓷质地坚实细密、表面光滑，敲击声清脆悦耳，具有独特的音质和音色，自古就是制作乐器的良好材料。但由于音箱从设计到产品，需要对形态、尺度、重心、出音孔朝向、手机的放置位置和角度进行反复的计算和测试，而陶瓷制品制作工艺复杂、价格较高、制作时间较长，用作测试原型费时费力。

3D打印技术不仅可以精准地还原设计细节，而且制造速度快。因此，3D打印技术可帮助用户在产品开发过程中快速得到产品的样机，以用于设计验证与功能验证，检验产品可制造性和可装配性等，能加快产品的实用化和商业化的进程。

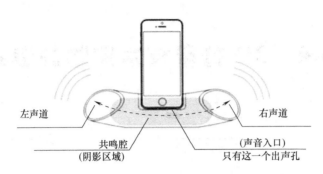

图 4-2   手机共鸣音箱原理示意图

音箱结构相对简单，但需要较为光滑的表面，因此选择激光立体光固化（SLA）快速成形方法进行零件原型制造。

4.1.2   数据处理

设计完成的三维数据模型文件需转化输出成快速成形设备能够运行的数据文件。数据模型分层处理软件可以看作数据模型和快速制造之间的桥梁，拥有对数据进行检查、修复、优化和分层处理等功能。数据处理技术对数据模型进行分层处理，并将其处理成切片文件格式后送入 3D 打印设备，3D 打印设备接受数据处理后的切片文件即可开始进行快速成形制造。

本实例中使用的数据处理软件是比利时 Materialise 公司推出的 Magics 专业 STL 文件处理软件，如图 4-3 所示。通过软件将数据模型文件从模态结构转换成数字结构，接下来的操作都是基于数字结构文件进行的，而数据处理的方法及精度也直接影响成形件的质量。

图 4-3   Materialise 公司产品介绍

1. 导入文件

在 Magics 中导入三维数据模型，如图 4-4 所示，通过【加载新零件】命令打开零件数据模型文件。

图 4-4　导入三维数据模型

2. 检查修复

将音箱的数据模型放置在虚拟的加工平台上，按"Ctrl + F"快捷键打开修复向导，对零件的数据模型进行诊断和修复，如图 4-5 所示。三维数据模型从模态到数字的转化，会不可避免地产生一些错误，常见的错误有法向错误、间隙错误、特征丢失错误等。Magics 的修复功能强大，可以轻松修复翻转三角形、坏边、洞等各种缺陷，软件自动进行分析和修复，使之成为完好的 STL 文件。

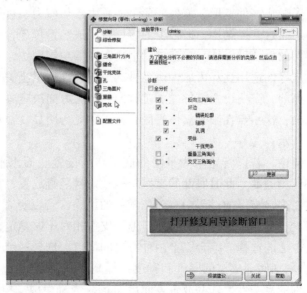

图 4-5　对导入数据进行诊断和修复

3. 零件摆放

确定好数据模型无误后，就要调整零件在加工平台上的摆放位置和角度。对于光固化快速成形技术来讲，零件在加工平台上如何摆放，对加工时间、加工效率和加工质量都会有影响。很多数据处理软件提供自动摆放零件的功能，即依据零件的几何形状，自动对零件进行嵌套排放，针对多个零件同时加工的情况，可使加工平台上摆放的零件最多，加工时间最少，且保证加工时零件之间不会相互干涉。当然这一点是针对多个零件同时制造的情况，用以提高生产率。对于本实例来讲，作为单独制造的零件，音箱原型放置在加工平台中央即可，如图4-6所示，具体摆放角度和方向将根据零件结构及支撑结构来确定。

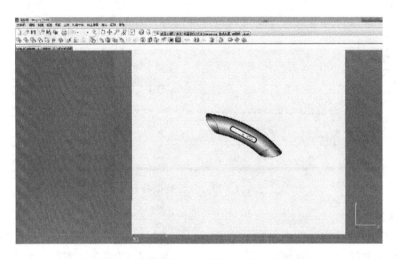

图4-6 音箱原型在加工平台上的初步摆放

4. 生成支撑

在快速成形制造中，大多数零件都需要用到支撑。支撑的作用不仅仅是支撑零件、提供附加稳定性，也是为了防止零件变形。零件变形可能是由于热应力、过热或者添加材料时刮板的横向扰动引起的。通过支撑结构，以最少的接触点完成热量传递，可以获得表面质量较好的零件，也方便零件的后处理。Magics有自动生成支撑的功能模块，可以自动、简单、快捷地生成支撑结构。支撑的适用性和可靠性对零件的最终表面质量至关重要。

本实例在生成支撑前，需要设置零件的加工方向，加工方向决定着支撑的生成，而支撑会对表面质量产生影响，这一点在激光立体光固化技术中尤为明显。音箱原型在加工平台上的放置方向如图4-7所示。

以上3种放置方向中，若以音箱较为平滑的底面作为设置底面水平放置，如图4-8所示，支撑水平架构在音箱底部，此时底部的支撑结构较薄且竖直放置，在零件取出和后处理时，不易移除，同时在去除支撑的过程中有破坏零件的风险。若以竖直方向放置，如图4-9所示，产生的支撑最少，有利于节省支撑材料，但是支撑相对不够稳定，可能会在加工过程中出现变形，也不是合适的选择。综合以上两种方向的优点，选择一定角度倾斜放置音箱原型，如图4-10所示，增加底部支撑的厚度和宽度，提高支撑的稳定性，并且通过创建带角度的支撑，降低后处理的复杂性。选好放置方向后Magics自动生成支撑结构。

支撑创建完成后生成预览，以观察支撑是否合理；如不合理要删除相关支撑，重新调整零件的摆放及角度，然后再次生成支撑预览，直至满意。Magics还有支撑修改、增加、删除、查看等功能，如图4-11所示，用户可以根据实际需求和经验对自动生成的支撑进行修

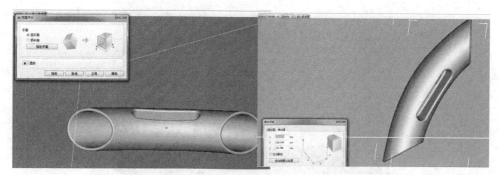

a) 水平方向　　　　　　　　　　　　　　b) 竖直方向

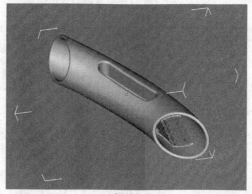

c) 倾斜方向

图4-7　音箱原型在加工平台上的放置方向

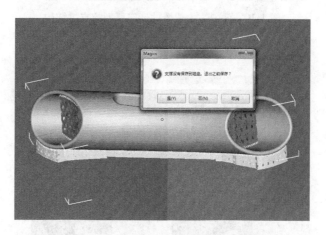

图4-8　水平方向放置的音箱原型的支撑结构

改、删除等操作。支撑结构的类型有块类支撑、柱类支撑等多种，可依照实际需求和加工条件选择合适的支撑结构。支撑结构确认后，要进行保存和输出。

5. 切片处理

完成所有支撑编辑工作后，即可开始对数据模型进行切片处理并保存文件，之后文件送到快速成形设备上即可进行加工。切片处理是数据处理的重要步骤，是将三维数据模型转化

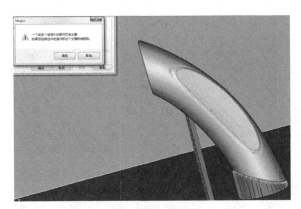

图4-9　竖直方向放置的音箱原型的支撑结构

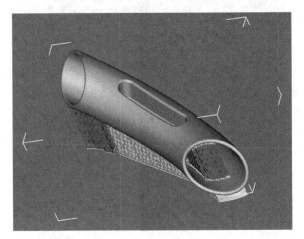

图4-10　倾斜方向放置的音箱原型的支撑结构

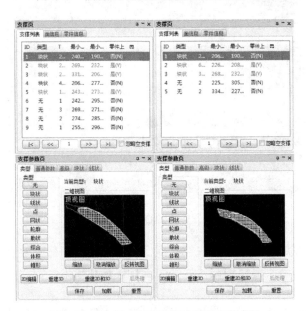

图4-11　Magics支撑功能列表及各项参数

为3D打印设备本身可执行的代码（如G代码、M代码等）的过程。"切片属性"对话框如图4-12所示，设置相关参数。"修复参数"采用默认值即可，不用改动。"切片参数"中"切片厚度"即激光成形每扫描一层固化的厚度，对话框中两处"切片厚度"的数据要保持一致。需要注意的是，应勾选"包含支撑"，否则切片文件不包含支撑文件。设置完毕后，可以预览整个加工过程，确认无误后选择合适的保存位置保存生成的"＊.cli"及"＊_s.cli"两个文件，并将切片生成的文件按机器型号复制到相应的文件夹中，至此完成整个数据处理过程。

图4-12 Magics "切片属性"对话框及相关参数

4.1.3 实物成形过程

得到切片数据文件后，即可将其导入快速成形设备开始加工了。可先在设备上模拟整个零件制作过程，再次检查是否有不当之处，以便及时修改，还可以看到系统预估的制作加工时间，方便安排生产，如图4-13所示。

整个SLA快速成形过程几乎不需要人工操作，单击"开始"即开始加工，设备操作界面实时反映总加工高度、当前加工高度、支撑速度、填充速度、轮廓速度及扫描线间距等参数，方便操作人员实时监控加工过程。在加工平台上，可以清晰地看到激光的扫描路线，如图4-14所示。光敏树脂经激光照射固化，层层叠加成形，最终制成产品，如图4-15所示。

整个快速制造过程大约持续4h左右，大大节省了制造时间。快速成形的最后一步就是沥干附着在产品表面的多余材料，如图4-16所示，然后转至后处理平台，等待进行去除支撑、清洗、二次光固化和打磨等后处理工序。

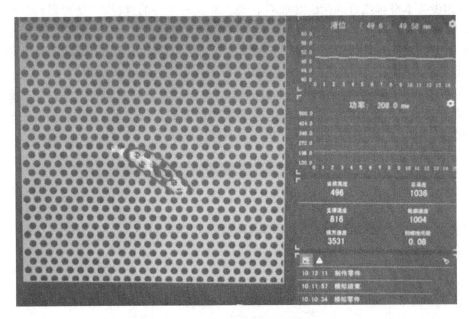

图 4-13　SLA 快速成形设备操作界面

图 4-14　音箱 SLA 快速成形加工平台现场

图 4-15　SLA 快速成形制成的音箱产品

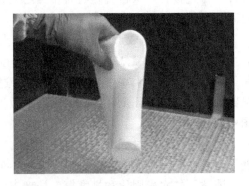

图 4-16　沥干附着在成形产品表面的多余树脂

本实例所用 SLA 快速成形设备参数见表 4-1。

表 4-1　手机共鸣音箱 SLA 快速成形设备参数

实例名称			手机共鸣音箱
成形方式	SLA	成形材料	光敏树脂 9000
快速成形参数	设备型号		上海联泰 RS6000
	成形方向		由下到上
	支撑结构和材料		有/支撑材料和零件材料相同
	曝光原理		激光束在材料表面进行逐点扫描
	成形平台尺寸		600mm × 600mm × 400mm
	分层厚度		0.05 ~ 0.25mm
	成形精度		±0.1mm（$L < 100$mm）或 ±0.1%L（$L \geqslant 100$mm）
	激光功率		500/1000mW
	光斑直径		0.12 ~ 0.20mm
	扫描速度		6 ~ 10m/s
	外形尺寸		1460mm × 1250mm × 1900mm
成形设备提供商			上海联泰科技股份有限公司

4.1.4　成形后处理

快速成形得到初步产品后，还要对其进行必要的后处理才能得到最终的产品。

1. 去除支撑

音箱的支撑包括外部的支撑和腔体内部对悬空部分的支撑。两部分支撑都是块状支撑，整体呈蜂窝状。外部支撑和部分内部支撑只需要用手轻轻掰掉即可去除，如图 4-17 所示，处理支撑时要戴防护手套。内部悬空部分的支撑待用酒精清洗时边洗边去除。

图 4-17　手剥去除音箱外部支撑

2. 清洗

从快速成形设备上取下的产品，其表面附着有黏腻的光敏树脂，需要进行清洗。清洗剂一般使用 95% 的工业酒精。为了节约酒精和清洗彻底，一般清洗 3 遍。第 1 遍使用已多次使用过的酒精，如图 4-18 所示。用刷子、清洁布等对音箱的外表面和腔体内部进行大致清洗，之后就可以用小刮刀除去音箱内部悬空部分的支撑，如图 4-19 所示。

去除所有支撑后，再次清洗。将表面的附着物大致清洗去除掉后，再换较为干净的酒精进行第 2 遍清洗，如图 4-20 所示，并用小刮刀仔细地将内部悬空部分遗留的较难去除的支撑进一步去除干净。最后用全新的 95% 工业酒精对音箱进行第 3 遍清洗，如图 4-21 所示。清洗后用高压气枪冲刷干净，如图 4-22 所示。清洗剂可以循环使用，但一般也不超过 3 次，清洗过程中也要注意相关的防护措施，避免受到不必要的伤害。

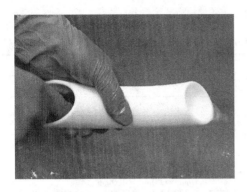

图 4-18　第 1 遍酒精清洗

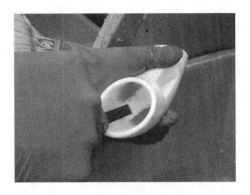

图 4-19　用小刮刀去除内部悬空部分的支撑

图 4-20　第 2 遍清洗

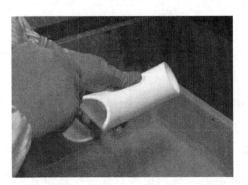

图 4-21　第 3 遍清洗

图 4-22　高压气枪冲刷

3. 二次固化

为保证树脂固化完全，有时会使用紫外光进行二次固化，如图 4-23 所示。把清洗干净的音箱零件放入紫外灯箱，固化 15～20min 即可。

4. 打磨

固化完毕，再进行最后的打磨。打磨分为机器打磨和手工打磨。首先用砂纸进行手工打磨，对内、外表面进行修整，然后再用喷砂机打磨，修整手工不能触到的部分，对整个音箱进行最后的磨光。SLA 快速成形的手机共鸣音箱最终产品，如图 4-24 所示。

图 4-23　用紫外灯二次固化

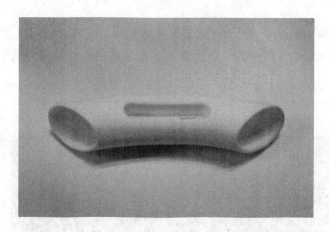

图 4-24　SLA 快速成形的手机共鸣音箱最终产品

至此，完成从三维数据模型到实物的快速制造，整个过程大约 6h，相比传统制造制作模具再生产来说，大大节约了时间成本，且成形全过程可实现无人值守，也节约了人力成本。就产品本身来讲，本实例中制作的共鸣音箱能够准确还原设计理念，可以看到 SLA 快速成形的音箱表面光滑细腻，质量高，细节还原精度高。经测试，光敏树脂材料制成的共鸣音箱同样具有共鸣放大声效的功能，即 SLA 快速成形方法制造的产品在功能上也能满足使用要求。

任务 2　FDM 实例: 摩托车后视镜壳体

4.2.1　实例描述

后视镜（图 4-25）对于摩托车或汽车来讲，属于重要的安全件。它能够反映车后方、侧方和下方的情况，使驾驶者可以间接地看清楚这些位置，起着"第二只眼睛"的作用，扩大了驾驶者的视野。

后视镜要发挥作用，镜面技术的不断强化是重中之重，但对后视镜壳体也有一定的技术要求。后视镜装在车外，长期日晒雨淋，环境条件恶劣，车辆行驶过程中还要经受颠簸冲击。因此在选用后视镜的材料时要兼顾温度、湿度、强度与冲击、弯曲性能等方面的要求，同时还要求材料不易老化、耐蚀、注塑性能好等。注重性能的同时，后视镜壳体也要满足美观协调的要求并与车辆整体设计风格相一致。

考虑到使用模具试制的高昂制造成本和时间损耗，使用 3D 打印来验证后视镜壳体原型设计的功能、与镜面的契合度及与整车设计风格的匹配度等问题是经济有效的选择。

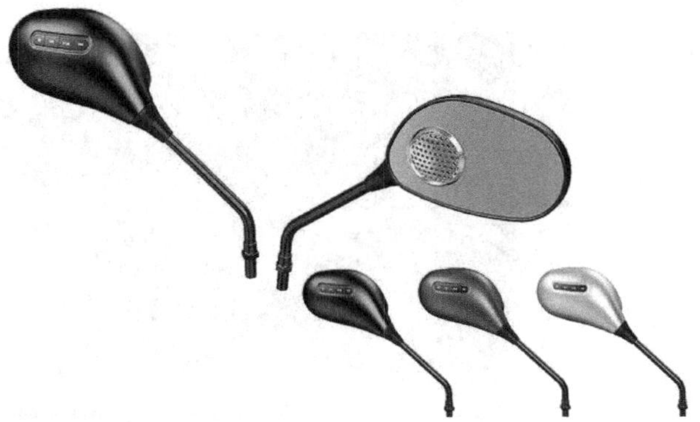

4.2.2 数据处理

图 4-25 摩托车后视镜

本实例采用美国 Stratasys 公司 Fortus 系列高精度熔融沉积（FDM）式 3D 打印机，其配套的前端处理软件 Insight（图 4-26）用于完成成形制造前的数据处理工作。

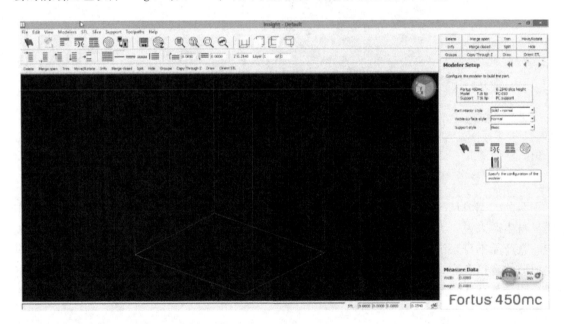

图 4-26 Insight 系统界面

Insight 是 Stratasys 公司推出的功能强大的软件系统。Insight 可以将导入的 STL 文件自动分层并生成喷头轨迹及相关的支撑结构，如图 4-27 所示；也可以手工操作成形、生成支撑结构或喷头轨迹，为用户提供了更好的灵活性。

此外，Insight 中的 Control Center（图 4-28）是联系客户工作站和 Fortus 设备的软件模块，可以管理加工任务及监控 Fortus 设备的实时生产状况，使数据处理与设备管理融为一体，可最大限度地提高控制系统的效率、吞吐量和利用率，同时减少响应时间。

Insight 使操作更加容易，允许使用单一按钮自动处理零件，或者定制零件，以达到外观、强度、分辨率、材料用量甚至输出的最优化。

使用 Insight 处理后视镜壳体的数据模型，并转换为 Fortus 设备可执行的文件，主要通过

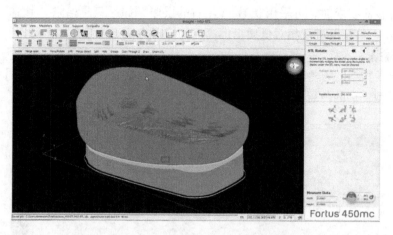

图 4-27　Insight 中对数据模型自动分层和生成支撑

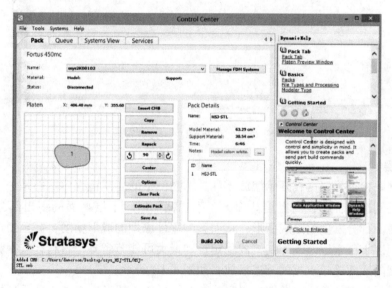

图 4-28　Control Center 工作界面

以下几个步骤来实现。

1. 参数设置

Insight 使用的第一步是设置相关参数,如选择零件的成形材料和支撑结构的材料等。本实例中,需要设置的参数有零件的成形材料(Model material)、支撑结构的成形材料(Support material)和切片厚度(Slice height)。

本实例中,后视镜壳体零件的成形材料选择白色聚碳酸酯(PC)。支撑结构的成形材料选择 Stratasys 公司的支撑专用线材"SR-100 support",这种支撑材料和 PC 较易剥离,方便后处理。根据所选的成形材料和成形设备(Fortus 450mc),选择中等切片厚度 0.1778mm 作为切片厚度,切片厚度对成形质量影响很大,需要参考零件的形状及其他具体要求确定。

0.1778mm 的层厚属于中等层厚,精度较高。FDM 快速成形一般采用 0.2mm 左右的层厚，对精度有较高要求时，可采用0.1mm左右的层厚，如果只是追求"快速"成形，则可选择0.3mm左右的层厚进行相对低质量但高速的成形方法。

2. 导入数据

Insight导入数据的方法和大多数软件相同，如图4-29所示。单击【File】/【Open】，找到存放数据模型文件的位置，再单击【打开】即可，导入方式简单方便。

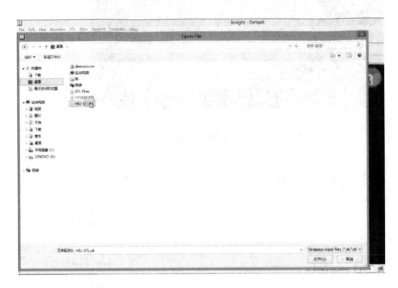

图4-29　在Insight中导入数据

3. 零件摆放

导入数据并检查无误后，开始摆放零件。本实例中的后视镜壳体零件是一个凹形的碗状零件。在分层制造过程中，当上层截面大于下层截面时，上层截面的多出部分将会出现悬空，从而使截面部分发生塌陷或变形，从而影响零件原型的成形精度，甚至使产品原型不能成形。考虑到以上因素以及支撑结构的稳定性和最大可能节省支撑材料，选择将凹形开口向上，以较平缓的底部连接支撑的姿态摆放，如图4-30所示。

Insight中调整零件姿态的操作也很容易掌握，操作按钮形象生动，易于理解。导入数据后，打开【STL】功能栏，选择【Rotate】（旋转）菜单项，系统界面右侧会出现参数修改、调整界面，如图4-31所示。"STL Rotate"支持在X、Y和Z三个坐标方向进行指定角度的旋转，或者使用快捷按钮逐渐向某个角度靠近。

4. 切片处理

零件摆放好，回到"Processing Model"（处理模型）界面。勾选"Slice"（切片）后单击运行，即开始对数据模型进行自动切片处理，如图4-32所示。自动切片很快即可完成。

5. 生成支撑

做好切片后，单击工具栏中的快捷命令自动生成支撑，如图4-33所示。

支撑可分为两种类型：一种是外部支撑，即与快速成形设备工作平台有接触的支撑结构；另一种是在所有出现悬空结构的地方给予支撑辅助的结构。本实例中的后视镜壳体零件只需要与工作平台接触的外部平台附着式支撑即可。这种平台附着型支撑也有两种形式，一种是在零件外围附加一圈底座，帮助零件黏附在平台上；另一种是在零件的整个底部附加底

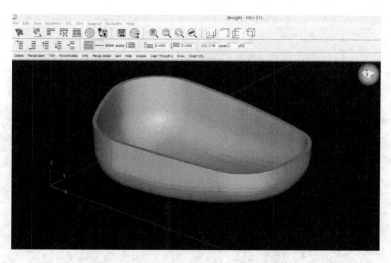

图 4-30   后视镜壳体在 Insight 中的摆放姿态

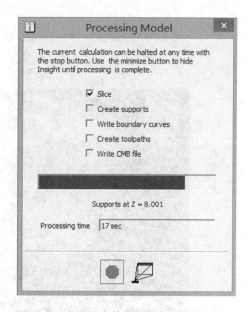

图 4-31   Insight 中调整摆放姿态　　　　图 4-32   后视镜壳体数据模型切片处理进程

座来帮助零件黏附。本实例选择在整个底部附加支撑结构，如图 4-34 所示。

　　在整个底部附加支撑还有另一个重要的目的：建立基础层。在工作平台和零件的底层之间建立缓冲层，使零件制作完成后便于与工作平台剥离。此外，基础层还可以给制造过程提供一个基准面，在支撑的基础上进行实体制造，自下而上层层叠加形成三维实体，这样可以保证实体制造的精度和品质。支撑的选择和制作是 FDM 快速成形的关键步骤。

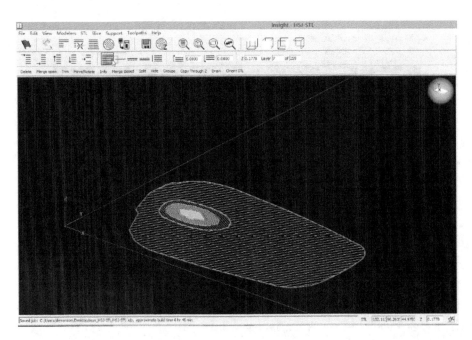

图 4-33　自动生成支撑功能界面

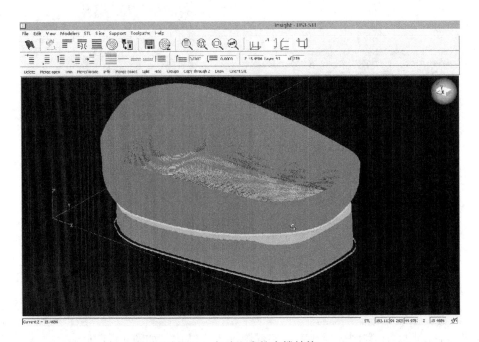

图 4-34　自动生成的支撑结构

6. 验证喷头轨迹（Toolpaths）

切片处理和生成支撑结构工作完成后，接下来检查喷头轨迹，做最后的确认工作。首先选择要制造的零件，查看预估的制造时间，确认后，打开 Control Center，如图 4-35 所示。

在 Control Center 中，通过一系列功能按钮，可以手动操作移动零件在工作平台上的位置，复制零件进行多个零件同时制造，当然也可以移除不需要的零件，或者调整零件的角度等，调整验证完毕即可开始制造。

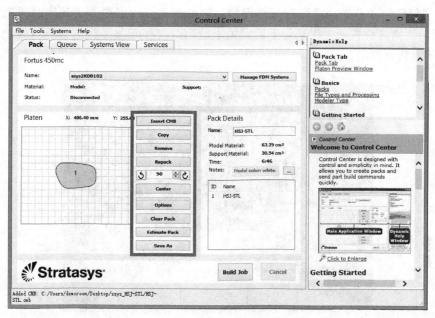

图 4-35   调整验证喷头轨迹

7. 发送数据

在 Control Center 中创建项目后，在【Queue】选项卡中检查项目制造队列，合理安排工作时间。检查所选实际制造设备的各项信息。再次确认所要制造的零件，单击【OK】，选定的快速成形设备收到相关数据，即可开始进行实体制造的相关工作。

4.2.3   实物成形过程

切片数据传送至快速成形设备后，即可开始着手实体制造。利用 FDM 快速成形方式制造后视镜壳体零件，可选择美国 Stratasys 公司的 Fortus 450mc（图 4-36）系统。

图 4-36   Fortus 450mc FDM 系统

正式"打印"之前，还需一些准备工作。首先，在工作平台上铺一层塑料薄膜，以防止零件与工作平台粘连，有利于零件的成形和取出。薄膜使用前要先撕掉保护膜。由于Fortus 450mc"打印"工作舱内需要加热并保持一定的温度，所以在放入薄膜时要戴手套，如图4-37所示。薄膜放置于工作平台上后，关上舱门。工作间温度较高，会将薄膜软化，使其与工作平台自然贴附。

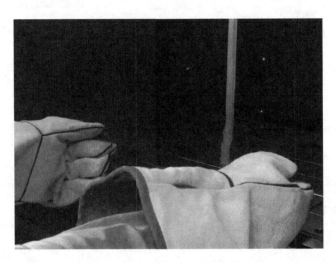

图4-37　在工作平台上放置塑料薄膜

关闭舱门后，转至Fortus 450mc的操作面板（图4-38）。按下"开始"键，出现位置调整界面；调整位置并确认，即刻开始"打印"制造，整个操作过程十分简单。

Fortus系统使用两种材料，一种是零件材料，一种是支撑材料，采用双喷头设计（图4-39）。材料通过加热器熔化，先抽成丝状，通过送丝机构送进热熔喷头，在喷头内被加热熔化。喷头沿零件截面轮廓和填充轨迹运动，同时将半流动状态的材料按CAD分层数据控制的路径挤出并沉积在指定的位置凝固成形，同时与周围的材料黏结，层层叠加成形。成形的零件如图4-40所示。

图4-38　Fortus 450mc的操作面板

图4-39　工作中的Fortus 450mc喷头

图4-40　利用FDM技术快速成形的后视镜壳体零件

本实例所用FDM快速成形设备参数见表4-2。

表4-2　摩托车后视镜壳体FDM快速成形设备参数

实例名称	摩托车后视镜		
成形方式	FDM	成形材料	PC
快速成形参数	设备型号	Fortus 450mc	
	成形方向	由下到上	
	支撑结构和材料	有/ULTEM ® 9085 树脂	
	数据处理软件	Stratasys Insight 和 Control Center	
	数据格式	STL	
	成形尺寸	406mm×355mm×406mm	
	分层厚度	0.178mm	
	成形精度	最高0.1mm	
成形设备提供商	美国 Stratasys 公司		

4.2.4　成形后处理

后视镜壳体"打印"完毕，取出进行后处理。本实例的后处理相对简单，只需使用普通的雕刻刀，就可将后视镜壳体上的支撑基座去除，如图4-41所示。

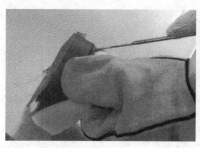

图4-41　去除支撑

剥去支撑后，若有小部分不好剥除的支撑材料残留，可使用一定比例的氢氧化钠溶液浸泡一段时间，即可去除。支撑去除完毕，根据需要再进行必要的打磨和喷漆等工序就可以得到最终的产品，如图4-42所示。

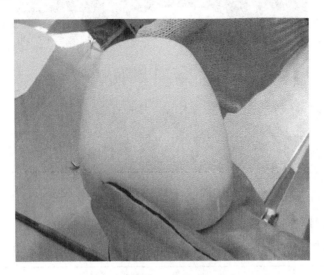

图4-42　后视镜零件模型最终产品

任务3　PolyJet 实例：大象玩具摆件

4.3.1　实例描述

本实例的数据模型来源于网络，是一个外形漂亮、细节细腻、色彩丰富的创意玩具摆件，如图4-43所示。

图4-43　大象玩具摆件数据模型

本实例的制造目标是：

1）一次成形预组装：实物的各个部分一次成形，组装构成完整体。

2）三色材料个性搭：大象摆件身体的3个部位各取不同颜色同时"打印"成形。

以上的制造目标，在目前的3D打印技术中只有PolyJet技术能够完成。

4.3.2　技术解析

PolyJet技术是一种强大的增材制造方法，能够制作出光滑、精准的原型、部件和工具。其工作原理（图4-44）与喷墨打印机十分类似，不同的是喷头喷射的不是墨水而是光敏聚合物。当光敏聚合材料被喷射到工作台上后，紫外灯将沿着喷头工作的方向发射出紫外光对光敏聚合材料进行固化。完成一层的喷射"打印"和固化后，设备内置的工作台会极其精准地下降一个成形层厚的高度，喷头继续喷射光敏聚合材料进行下一层的"打印"和固化。这样一层接一层，直到整个零件"打印"制造完毕。

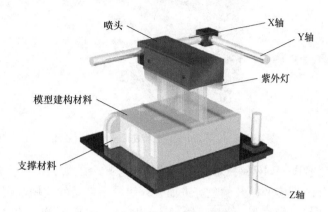

图 4-44　PolyJet 的工作原理示意图

零件成形过程中将使用两种不同类型的光敏树脂材料，分别用来生成零件和支撑。制作的零件原型可以立即进行搬运和使用，无须二次固化。支撑材料可以手工或者采用喷水的方式很容易地清除，得到表面整洁光滑的成形零件，如图 4-45 所示。

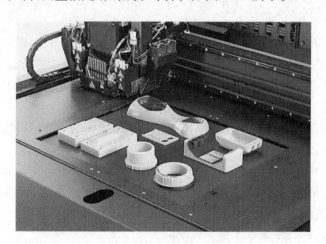

图 4-45　利用 PolyJet 技术成形的零件（一）

PolyJet 技术有诸多优势：

1）质量高。PolyJet 技术拥有行业内领先的 16μm 分辨率（即最薄层厚能达到 16μm），以超薄层的状态将材料叠加成形，可以确保获得流畅、精确且非常详细的结构。

2）精度高。PolyJet 聚合物喷射技术的精密喷射，配合构建材料的性能，可保证细节精细并实现薄壁成形，能够获得很好的表面品质和细节。

3）多色彩打印。目前先进的 PolyJet 系统能够同时喷射多种功能材料，因此可以将各种特性甚至多种颜色融入零件中，制造出颜色逼真的最终产品实物（图 4-46），这是其他打印方式无法完成的。

图 4-46　利用 PolyJet 技术成形的零件（二）

4）多种材料供选用。PolyJet 技术对使用的材料选择余地大，可制作具有不同特性的零件，在灵活性、拉伸断裂应变以及颜色等方面，开启了更广泛的应用范围。可选择的材料包括全部 FullCure 零件与支撑材料，不透明的 VeroBlue、VeroWhitePlus 和 VeroBlack 材料，以及柔软的仿橡胶材料 TangoGray 和 TangoBlack，还支持 FullCure720 Transparent 及通用的 Full-Cure Support 材料。此外，还包括几十种合成材料，即由两种 FullCure 材料组成的复合型材料，具有特殊的浓度和结构成分，可以满足用户所需的力学特性，适于前期测试用的、接近目标产品材料的成形材料。无论采取何种材料，都可以保持相同的高精确度、精细与表面质量。

PolyJet 技术使柔性仿橡胶材料可与刚性材料一同"打印"，因而可以制作橡胶包覆和柔软防滑表面的零件，例如按钮、手柄、握把，以及任意数量的柔性细部；也可用于制作透明、透明/不透明组合、半透明的零件。PolyJet 系统可选用的材料超过 180 种，可对从刚性到柔性在内的所有类型材料进行 3D 打印。

5）一次成形预组装。目前先进的 PolyJet 系统采用全新的 3 种材料喷射技术，可自动打印具有多种材料特性的复杂零件，无须进行组装。

6）清洁快捷。PolyJet 系统设备提供封闭的成形工作环境，适合普通的办公环境，采用非接触树脂载入和卸载，容易清除支撑材料，容易更换喷头。得益于全宽度上的高速光栅构建，系统可实现快速流程，可同时构建多个项目，并且无须进行二次固化等后处理。

综上所述，PolyJet 技术是本实例大象玩具摆件的最佳成形技术。

4.3.3　数据处理

本实例选用美国 Stratasys 公司推出的 Objet500 Connex3（图 4-47）机型作为大象玩具摆件的 PolyJet 成形设备。Objet500 可提供全面建模解决方案，具有 16μm 的高分辨率，采用 3 种材料喷射技术，可自动"打印"具有多种材料特性的复杂、具有光滑细致表面的精密零件。Objet500 属于 Connex 家族系列产品，能够同时"打印"多种材料，能在单个托盘中构建不同材料的零件，其创建的复合型数字材料的仿真度比以往任何时候都更接近各种最终产品。

快速成形首先需要做数据处理，由 Objet500 配套的 Objet Studio（图 4-48）前端处理软件来管理整个模型数据处理流程。

图4-47 Objet500 三维打印成形系统

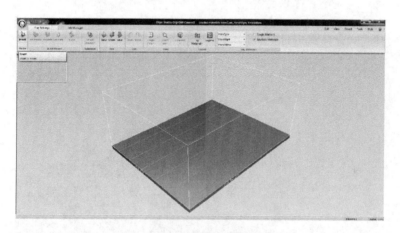

图4-48 Objet Studio 系统界面

Objet Studio 是专为 Objet Connex 系列 3D 成形设备开发的，可将来自任何三维 CAD 应用程序的三维数据模型转换成"打印"设备使用的 STL 和 WRL 文件，如图4-49所示，包括颜色、材料和支撑布局等信息。这款软件提供简单的"单击并构建"的准备与打印托盘编辑功能，提供便捷的生产预估和完全的生产控制，包括队列管理。这款软件还具有强大的向导，方便并加快系统维护。Objet Studio 提供强大的多用户网络功能，将客户的整个设施转变为生产力极高且用途多元化的三维数据模型运营系统。

Objet Studio 可以轻松地选择数据模型和材料，能够自动布置托盘并确保精确一致的定位，能够自动实时生成支撑结构，即时切片打印，还能够提供强大的多用户网络功能。

1. 导入数据模型

Objet Studio 系统导入数据模型方便快捷。单击【Insert Model】，选择需要"打印"的零件三维数据模型并确认。选中任一个零件，将切换至【Model Settings】，即可对零件的材料、颜色、光泽、位置、翻转等进行调整和设定，如图4-50所示。

本实例的目标任务是直接"打印"一个组装好的，腿部可灵活运动的一体化大象玩具

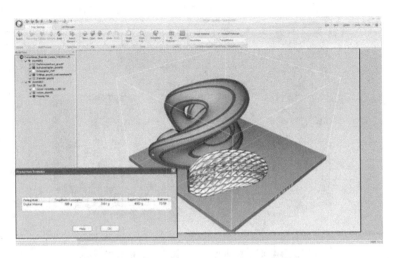

图 4-49　使用 Objet Studio 系统分析的数据模型

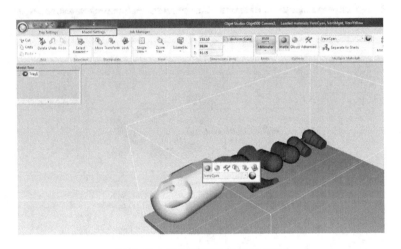

图 4-50　设置零部件的各项参数

摆件，因此不能在 Objet Studio 中导入"大象"的各个零件，应先做虚拟组装后再导入。具体操作如下：

删除刚导入的零件数据模型，在 Objet Studio 中重新打开数据模型所在的文件夹，选中所有的零件，并在"Insert"功能框中勾选"Assembly"选项，如图 4-51 所示，系统对玩具摆件的零件进行虚拟组装后导入系统托盘，如图 4-52 所示。

2. 参数设置

导入数据模型后，单击【Estimate】功能按钮，打开"Production Estimate"（生产预估）对话框，可查看当前设置下零件的生产预估情况，包括打印模式及材料消耗和成形时间等，如图 4-53 所示。

若对当前设置不满意，可以切换至【Model Settings】功能栏，选中需要修改的零件如"Assembly1"，单击【Transform】后可对各项参数进行修改，如"Translate"（移动）、"Rotate"（旋转）和"Scale"（调整比例）等。如将"Assembly1"缩小比例至原零件的 0.5 倍，单击

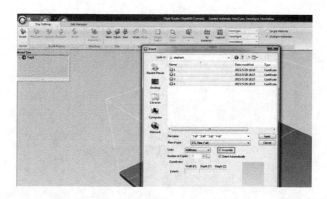

图 4-51　勾选"Assembly"选项导入组装数据模型

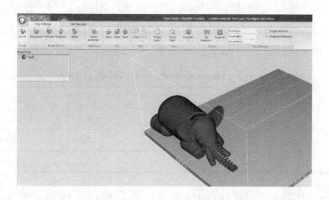

图 4-52　虚拟组装数据模型导入系统

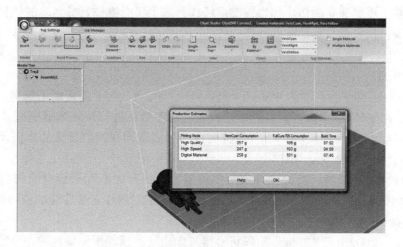

图 4-53　零件生产情况预估功能对话框

【Apply】确认，如图 4-54 所示。参数修改完毕后，再打开"Production Estimate"窗口对零件生产情况进行预估，在参数修正和生产预估的反复调整后得到理想的工作状态。

3. 生产预估

"Estimate"功能是 Objet Studio 软件对快速成形生产状况的预测，实质上是 Objet500 系

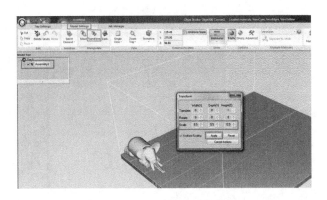

图 4-54　参数设置功能对话框

统所提供的 3 种打印模式对实物成形的影响。这 3 种打印模式（High Quality，高质量模式；High Speed，高速模式；Digital Material，数字材料模式）为各个领域的应用提供了不同的解决方案，见表 4-3。3 种模式之间可以轻松切换。

表 4-3　Objet Connex 系列打印模式参数

打印模式	支持层厚	成形速度
High Quality	16μm	12mm/h
High Speed	30μm	20mm/h
Digital Material	30μm	12mm/h

通过"Estimate"功能可对不同打印模式下的成形精度、成形分辨率、成形材料和成形时间等进行预估。Objet Connex 系统能够按照不同的成形模式，自动进行实时的切片和生成支撑结构，并不需要独立的切片和生成支撑操作，减少了对操作人员经验的依赖，也避免了不必要的失误，这也是与其他数据处理软件的不同之处。最后，经过综合考量选取合适的打印模式。

4. 零件摆放

Objet500 的打印平台尺寸为 490mm×390mm×200mm，为了提高加工效率，可以同时加工多个零件。在"Model Tree"窗口选中已设置理想参数的虚拟组装数据模型"Assembly1"，使用简单的"Ctrl + C"和"Ctrl + V"快捷命令即可实现同样参数设置的数据模型添加，如图 4-55 所示，简化流程易于操作。

多个零件同时打印时，需合理排列零件位置，以提升效率和平台空间的利用率。Objet Studio 系统提供自动排列功能，如图 4-56 所示，降低了对操作人员经验的依赖性。

5. 选定材料和颜色

本实例中，PolyJet 工艺在成形阶段可直接打印出玩具摆件不同颜色的各个零件，不需后期喷涂着色。本实例的打印设备属 Objet Connex3 系列，能够同时使用多种颜色或种类的材料"打印"，这也是 PolyJet 技术的特点之一。

在 Objet Studio 中确定零件颜色，首先选中零件，在【Model Settings】中为各个零件选定材料和颜色，在快捷功能栏中单击下拉菜单即可选择不同的成形材料，单击色彩选项将弹出色卡，可选择所需的颜色，如图 4-57 和图 4-58 所示，系统操作方便，选项直观。

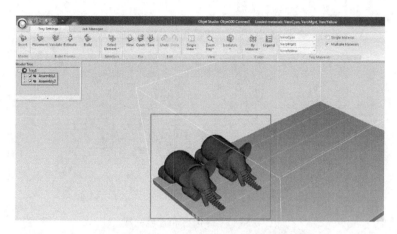

图 4-55　添加相同参数设置的零件

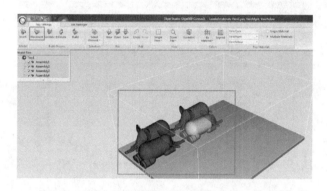

图 4-56　Objet Studio 中的自动排列功能

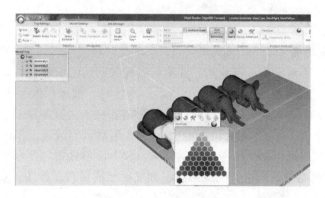

图 4-57　零件选材和选色

6. 创建项目

零件的各项信息确认后，在【Tray Settings】中单击【Build】，开始创建项目。在打开的 "Job Summary" 窗口中，可以看到本次打印任务的基本信息，如打印材料和预计的成形时间等。此时进行最后的检查，无误后单击窗口中的【Build】确认创建该项打印任务，Objet Studio 系统会将处理好的数据模型保存为 Objet500 可以识别的数字文件格式，如图 4-59 所示，选择文件保存路径并确认后即可等待下一步的工作。

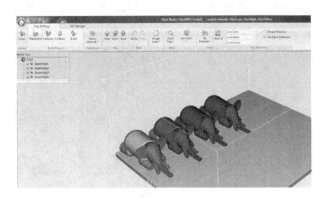

图 4-58　零件选材和选色完成

图 4-59　保存为 Objet500 可识别的数字文件格式

4.3.4　实物成形过程

1. 3D 打印设备准备

任务实施之前，要对设备进行清洁，并给料箱配备所需的成形材料和支撑材料。

（1）清洁　首先擦拭喷头，如图 4-60 所示。操作时，戴好橡胶手套，用喷过清洁剂的软布轻轻擦拭设备的喷头，抹去残留材料，避免影响下一个"打印"任务。

接着，清理工作台，如图 4-61 和图 4-62 所示。用刮铲等清理工作台上的残余废料，再喷洒清洁剂，用软布或纸巾擦拭干净。清洁完毕，合上设备外罩。

（2）装料　在料箱中装入选定的成形材料和支撑结构材料，如图 4-63 所示。

至此，设备准备工作完成。

（3）预处理　生产项目创建完毕，准备打印时，打包数据发送至"Job Manager"进行生产管理，如图 4-64 所示。

项目任务被放入"打印"队列中，当项目被排到首位时，"Job Manager"会预处理发送过来的项目数据文件，自动实时切片处理并生成支撑结构后送至生产设备开始实体的成形加工。因此，在 Objet Studio 中并没有单独的切片和生成支撑的步骤，整个操作更加智能化。

在"Job Manager"管理界面上，可以直观地了解项目信息。例如，可以实时跟踪当前"打印进度"；也可以看到整个项目持续的预计时间，方便合理安排各个项目进行的先后顺

图4-60　擦拭成形设备喷头

图4-61　清理成形设备工作台上的废料

图4-62　擦拭成形设备工作台

序；除了当前"打印"项目的基本信息，还可以浏览过往"打印"项目的基本信息，如图4-65所示。

2. 实物成形打印

Objet500工作时，无须值守，只需"Job Manager"监控工作进度即可。由于设备工作期间有强烈的紫外光照射，如图4-66所示，虽然有机器外罩，但建议操作人员尽量远离。本实例采用3种材料喷射技术，自下而上地逐层打印，无须进行后续组装，一次成形，如图4-67所示。

图4-63 装填成形和支撑材料

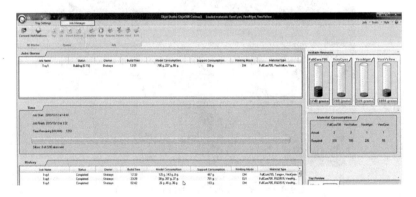

图4-64 "Job Manager"生产管理界面

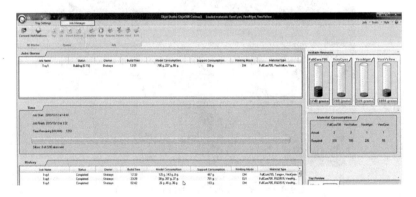

图4-65 "Job Manager"界面上的各类项目信息

图 4-66　"打印"进行中

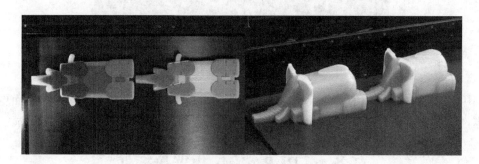

图 4-67　玩具摆件自下而上一次成形

4.3.5　成形后处理

由于无须二次固化，PolyJet 工艺的后处理比较简单。

成形的"大象"在悬空的耳部、腹部均有支撑结构，甚至整个"大象"表面包覆了一层支撑结构材料，另外，基座也是支撑结构。图 4-68 所示为用水枪初步清洗，将"大象"表面以及大部分的支撑结构材料冲洗去除。对于结构复杂或有镂空结构的位置，要谨慎操作，以免对零件的结构造成变形破坏。

图 4-68　水枪冲洗"大象"表面

清洗完毕，用纸巾擦干，如图4-69所示。对于本实例这类较厚的零件，擦干只是为了手感舒适；对于较薄的零件，擦干则是为了防止零件变形。冲洗后的零件，有些仍不能完全去除多余材料的，可以浸泡在水基溶液中，将多余材料溶解后去除。

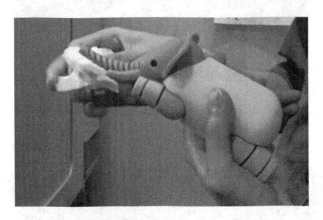

图4-69　用纸巾擦干被冲洗的大象玩具摆件

利用PolyJet工艺制作的大象玩具摆件，相比由FDM工艺制作的零件，产品表面更加细腻，零件的细节还原度更高，精度也更高。在一次成形和色彩等方面的优势也较明显。

任务4　DLP实例：电器接插件

4.4.1　实例描述

电器接插件（图4-70）是电子产品中各个组成部分之间的电气连接件，广泛用于各类电子器件、设备中。电器接插件的优点在于插取自如、更换方便，只经过简单的拔插过程即可取代搭接、焊接、螺纹连接和铆钉连接等固定连接方式，并可采用集中连接，可一次连接多组元件。随着印制电路板和电子元器件的不断更新换代，更换方便的电器接插件应用越来越广泛。

电器接插件的结构分为接触件和绝缘件两部分。接触件起电气接触的作用，所用材料为铜及其合金等电的良导体。绝缘件的作用是将接触件固定并保持绝缘状态，所用材料为耐热塑料。电器接插件用的塑料材料需要具有高的耐热性、尺寸稳定性、足够的力学性能，加工流动性要好，符合电器接插件越来越小型化的要求，此外还要求耐清洗溶剂的腐蚀等。

本实例需要制作的电器接插件三维数据模型，如图4-71所示，结构虽不复杂，但细小的结构较多。制作零件原型，意在大规模生产前评估产品的设计，验证设计的形状、匹配和功能，提供概念模型，改善沟通和设计。使用传统制造工艺开模，时间长、成本高，只用作原型评估显然不经

图4-70　电器接插件

济。使用 3D 打印技术，可以在前期降低成本，也能做到较高的精度和复杂程度，无须开模直接生成零件，有效地缩短产品研发周期，是解决模具设计与制造薄弱环节的有效途径。

图 4-71　电器接插件三维数据模型

本实例需制造的一系列电器接插件零件模型对硬度和使用功能没有较高的要求，更注重高效快捷、低成本和较高的精度，因此选择 DLP 技术成形，以期快速得到高度还原设计意图的零件原型。

4.4.2　技术解析

数字化光照加工（Digital Lighting Processing，DLP）3D 打印技术与 SLA 技术十分类似，甚至被认为是 SLA 技术的一个变种。这两种技术都是利用感光材料在紫外光照射下快速凝固的特性来实现固化成形。

DLP 技术要先对影像信号进行数字化处理，再投影出来。采用 DLP 技术加工时，经过高分辨率的数字光处理器处理的光源，按照切片形状，发出相应形状的光斑，并投射在光敏树脂上。每次投射可将一层截面直接固化成形，属于片状固化，层层叠加后最终成形，如图 4-72 所示。将实物从树脂池中取出，再经必要后处理即可得到要求的产品。

DLP 3D 打印和 SLA 3D 打印都属于辐射固化成形，成形过程也较为类似，在产品性能、应用范围上基本没有差别。但两者所用的光源不同，DLP 工艺使用高分辨率的数字光处理器（DLP）投影仪来照射液态光聚合物，逐层地进行片状光固化；SLA 工艺则采用激光束由点到线，由线到面扫描固化。DLP 工艺的成形速度比同类型的 SLA 立体平版印刷技术速度更快。

DLP 技术的优点：

1）成形精度高，质量好。

2）成形物体表面光滑，基本看不到台阶效应。

3）成形速度快，比同类型的 SLA 工艺更快。

DLP 技术的缺点：

1）精度较高的商业级 DLP 3D 打印设备价格昂贵，工业级打印设备的价格更高。

2）DLP 技术所用树脂材料较贵，且易造成材料浪费。

3）液态光敏材料需避光使用和保存。

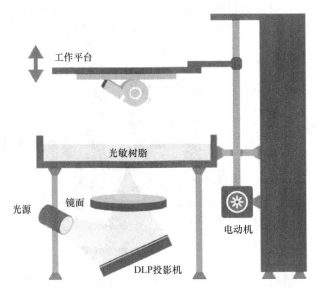

图 4-72　DLP 技术成形原理

4.4.3　数据处理

1. 设备描述

本实例选择普利生·锐打400机型（图4-73）作为电器接插件的快速成形设备。普利生·锐打400是一款工业级的创新型3D打印机，采用立体光固化成形技术，是使用LCD光学器件的3D打印机。这款3D打印机由上海普利生机电科技有限公司自主研发，拥有自主知识产权，在设备开发和配套光固化树脂的研发上已走在国际前列。

普利生·锐打400具有四大特色：

1）成形速度比国内外同类SLA设备快5～10倍。

2）每小时输出能力是国内外同类SLA设备的10倍以上。

3）能够在400mm级别上实现66μm的成形精度。

4）具有设备及光固化树脂的研发和生产能力。

图 4-73　普利生·锐打400

2. 导入数据

本实例的数据处理采用专业STL文件处理软件Magics。在SLA实例中也使用该软件进行数据处理。

打开Magics，选择需要处理的电器接插件STL文件，单击【打开】，数据模型导入完成，如图4-74所示。

3. 诊断修复

导入数据模型后，可使用【显示零件尺寸】

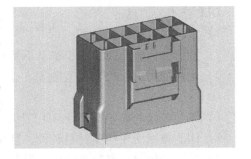

图 4-74　导入 Magics 的电器接插件数据模型

命令带参数查看待处理零件的结构，如图 4-75 所示。选中零件，调整角度，仔细观察和了解零件的结构特征。

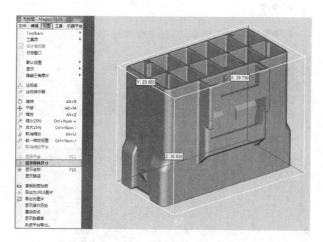

图 4-75 使用【显示零件尺寸】命令带参数查看零件

由于数据模型在转换为数字化文件的时候，难免会出现一些错误，导致数据模型出现各种缺陷。利用 Magics 提供的智能化修复工具——修复向导，可对数据模型进行自动分析并根据错误分析结果决定使用哪个功能进行修复，以免对产品质量造成影响。修复十分简单，操作者只需要根据提示单击相应操作按钮进行智能化修复即可，相对于手动修复，大大减少了操作时间，提高了修复的效率。

壳体包括正常的零件壳体和干扰壳体。干扰壳体是指一些体积或者面积很小的壳体，它不是零件的组成部分，但会影响零件的成形。所有修复的最终目标是把一个零件修复为单壳体零件。

在工具栏中单击 按钮，打开"修复向导"对话框，如图 4-76 所示，所有已导入的数据模型均可进行诊断修复。选中当前零件，若想直接修复，单击【自动修复】，会后台直接修复数据模型。也可以单击左上角的【诊断】，观察判断数据模型的大体情况。

单击【诊断】，将跳转到诊断界面，单击【更新】按钮可查看数据模型的所有问题。为了避免分析不必要的项目，可以有选择地分析一些重点项目，以节约处理时间。例如，本实例零件选择检测法向错误、坏边、错误轮廓、缝隙、孔和壳体等项目，如图 4-77 所示。重叠三角面片和交叉三角面片这两项，由于不会对快速成形加工的零件质量构成影响，一般不推荐对这两项进行修复。

本实例数据模型的相关项目未检测到错误，如图 4-78 所示。若检测到相关错误，可单击【转到推荐步骤】，会出现推荐的解决方案，再单击【自动修复】即可修复所有问题。再次单击【诊断】/【更新】即可看到大部分问题都已修复。

除了上述的自动修复功能以外，针对一些包含复杂错误的零件，Magics 还提供了丰富的修复工具，包括平面孔修复、定向孔修复、不规则孔修复等多种孔修复工具，三角面片的删除、创建及分离等操作，以及针对多壳体复杂零件的壳体转零件工具、干扰壳体过滤、壳体合并等工具。通过使用这些修复工具，用户可以方便、快捷地对各种错误进行修复。

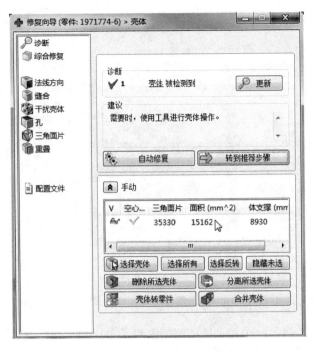

图 4-76 "修复向导"对话框

图 4-77 选择诊断项目开始诊断

若选择手动修复，可以单击向导窗口左侧栏中的【壳体】，跳转至壳体界面。在"手动"区，选中相应的三角面片，单击下方的功能按钮即可进行相应的修复操作，但这个过程耗时较长。

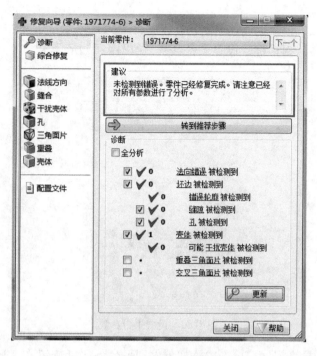

图 4-78　检测和修复结果

　　为节约时间，跳转至"综合修复"界面，如图 4-79 所示。单击【自动修复】，Magics 会自动对多种错误进行综合修复。根据建议一步步操作，完成上一步修复后再次进行诊断，不断检查修复效果，直至修复完成。相对于手动修复，大大减少了操作时间，也提高了修复效率。

　　数据模型诊断和修复完成，关闭"修复向导"对话框。单击【文件】/【零件另存为】，将修复的数据模型重新保存，等待下一步操作。

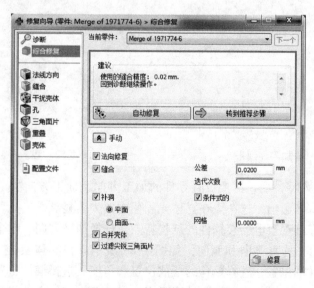

图 4-79　"综合修复"界面

4. 零件摆放

1）摆放零件前，先设置加工平台，再将零件导入到平台上。单击【机器平台】选项卡，打开"选择机器"对话框，设置平台参数，如图4-80所示。

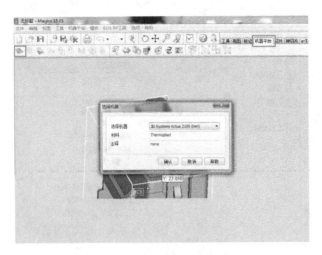

图4-80 设置平台参数

2）选好机器后导入零件。单击"添加零件到平台"图标按钮，打开命令窗口，选择要载入的零件，如图4-81所示；单击【确定】后载入刚才修复好的零件数据模型，如图4-82所示。需要注意的是，零件加载后，用户仍然可以改变设备的设置，重新打开"选择机器"对话框并进行设置即可。

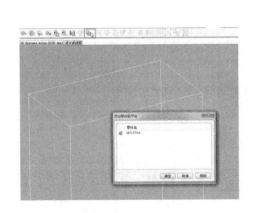

图4-81 添加零件到平台

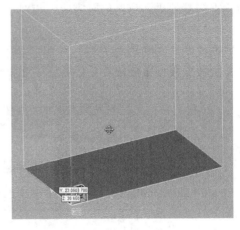

图4-82 载入平台的零件

3）机器平台载入零件后，需要设置零件的加工方向。加工方向决定着支撑的生成，而支撑会对表面质量带来影响，这一点在立体光固化中尤为明显。

在机器平台中仔细观察电器接插件的结构特点，选择加工方向。单个零件的放置通常有3个方向：水平方向、垂直方向和侧向，如图4-83所示。在具体实施中，可以通过平移、旋转等功能调整零件的位置，选择最佳的摆放位置和角度。选择摆放位置和角度时，需要从节约成形树脂材料、便于后处理等方面综合考虑。另外，本实例电器接插件成形制造是多个零件同时成形，也需要考虑多个零件在机器平台上的摆放，零件布局可人工摆放，也可以由 Magics 的零件自动摆放功能来实现。

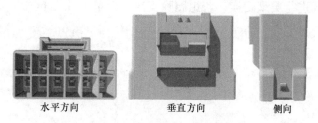

水平方向　　　　　　垂直方向　　　　　　侧向

图 4-83　电器接插件的三种摆放方式

如图 4-84a 所示的几个零件均选择垂直方向放置，因为采用这个加工方向产生的支撑比较少，有利于节省树脂材料，而无论采用水平方向还是垂直方向，都会在零件内部产生支撑，在后处理的难度上相差不大，因此选择垂直方向。

另外，两个较大的零件，如图 4-84b 所示，由于零件是扁平形状，根据其结构特点，采用水平方向加工是优选方案。需要注意的是，应选择较为平坦的零件底面作为加工底面。因为底面是需要后续打磨处理的，内部细节较多时不易打磨。

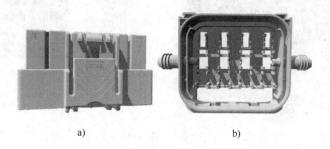

a)　　　　　　　　　　b)

图 4-84　电器接插件示例

5. 生成支撑

1）摆放好零件，单击【生成支撑】选项卡，再单击工具栏中的图标按钮，自动生成支撑，如图 4-85 所示，并进入"生成支撑"功能界面，如图 4-86 所示。

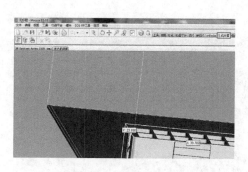

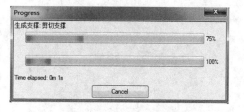

图 4-85　单击"自动生成支撑"按钮　　　　　图 4-86　支撑自动生成中

2）自动生成支撑后，也可对支撑进行修改、增加和删除等操作。如图 4-87 所示，在【生成支撑】选项卡中选择任意一个支撑选取工具，单击想选取的支撑，选中的支撑就会显示为绿色或黄色。如图 4-88 所示,在 Magics 界面右侧功能栏中的"支撑页"中可看到当前支撑的相关参数,在下方的"支撑参数页"中可以对当前的支撑参数进行修改,例如可以根据实际需求对支撑进行类型变换,若想删除支撑,则单击【无】。

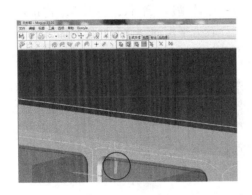

图 4-87　支撑的选取　　　　　　　　图 4-88　支撑的类型及变换、修改和删除功能

应多角度查看支撑,根据经验把部分多余支撑删除,以节省树脂材料的损耗。可先切换成线框模式显示零件(图 4-89),可以清晰地看到零件内部的支撑,以便进行支撑检查。也可以切换回实体模式显示零件,进行整体检查,如图 4-90 所示。例如零件上的柱类结构,自动生成的支撑一般为线支撑,需修改为块支撑,以保证柱类结构在制作时不易损坏。

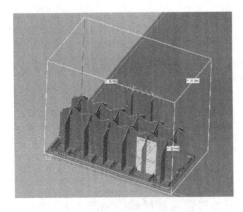

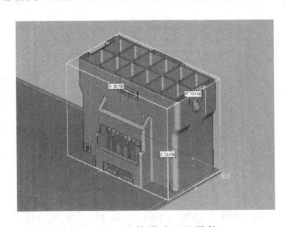

图 4-89　线框模式显示零件　　　　　　　图 4-90　实体模式显示零件

除了删除，也可以对支撑不足的位置进行加强或者增加支撑。例如最先加工的位置一般受力较大，但自动生成的支撑强度不够，通常都需要增加一个点支撑，并根据实际需要对点支撑的相关参数进行修正，如图 4-91 所示。

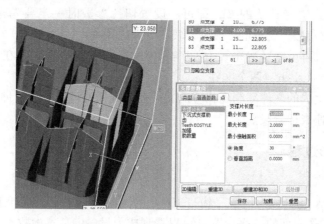

图 4-91　修改点支撑的支撑参数

完成所有支撑结构编辑工作后，把支撑数据模型转换为 STL 文件，退出编辑并保存文件。

支撑是 SLA 类加工技术的必要条件，它能够帮助产品顺利完成制作。Magics 提供的自动生成支撑功能，能够快速、高效地生成支撑，大大减少用户的准备时间，并在符合支撑强度的条件下尽可能节省支撑使用的材料。

6. 切片

支撑添加完毕，单击【切片】选项卡，弹出"切片属性"对话框，如图 4-92 所示。

图 4-92　"切片属性"对话框

在"切片属性"对话框中设置切片的相关参数。"修复参数"选项区内的参数一般采用默认值，可以不用修改。"切片参数"选项区内的"切片厚度"即激光成形每扫描一层固化的厚度，对于如本实例的小型零件，一般设为0.1mm；若是大型零件，可采用0.15mm的厚度。切片文件的格式选择默认的CLI即可。设置切片参数时一定要勾选下方的"包含支撑"，激活设置支撑参数，支撑的"切片厚度"要与零件的"切片厚度"保持一致。然后设置保存文件的位置，再单击【确定】，进行自动切片。切片完成后，将在保存文件的位置生成"∗.cli"及"∗_s.cli"两个文件。

最后，将切片生成的文件复制到相应的文件夹，数据处理完毕。文件存入相应的成形设备后，准备进入快速成形阶段。

4.4.4 实物成形过程

1. 数据载入

将切片数据存入DLP成形设备（锐打400）的控制计算机中，打开工作软件Prism，如图4-93所示。在工作界面的"平台"处可以看到成形设备的基本参数。

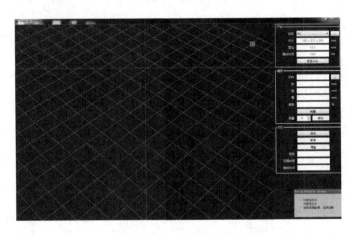

图4-93　Prism工作界面

单击右侧【模型】/【文件】，将数据模型文件载入。零件载入"模型"窗口后，将显示该零件的基本参数，也可以缩放零件的大小，增加零件数量，以批量加工多个相同零件。

将所有需要"打印"的数据模型依次导入，根据生产要求设置相关参数，所有零件按已设定好的摆放姿态和排列方式有序地陈列在机器平台上，如图4-94所示。此时，单击【打印】/【启动】，成形设备即开始工作。在"打印"窗口可实时查看"打印"进度，以安排生产计划。

2. 快速成形

数据载入后，启动打印。成形全程无须人工值守，成形设备将切片数据投影至液态光敏树脂聚合物，逐层进行光固化，每层固化时通过类似幻灯片似的片状固化，如图4-95所示，层层叠加，快速且高精度地完成零件成形，如图4-96所示。

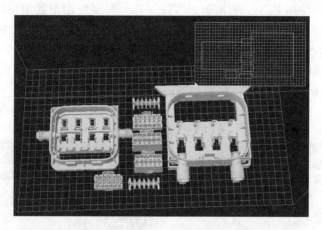

图 4-94　全部待成形零件载入并排列完毕

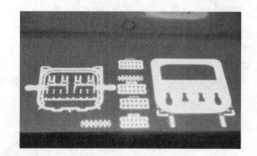

图 4-95　零件成形进行中

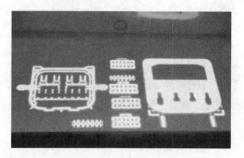

图 4-96　电器接插件零件成形

4.4.5　成形后处理

1. 清洁

零件成形完毕，工作台上升。取零件时要戴手套操作，避免皮肤直接接触树脂而造成伤害。先将工作台上多余的树脂材料刮去，再使用小刮铲等工具配合手动操作取下已成形的各个零件，如图 4-97 所示。取零件时动作要轻柔，以免对零件造成损伤。

图 4-97　刮下工作台上的多余树脂并取下零件

189

取下的零件，与使用 SLA 工艺制造的零件一样，需要使用不同清洁度的酒精进行清洗，洗去零件表面附着的多余树脂材料，如图 4-98 所示。一般使用酒精清洗 3 次，酒精的清洁度依次提高，第 3 次清洗时要用未使用过的酒精进行清洗，如图 4-99 所示。酒精清洗完毕，再用高压气枪冲洗零件上不易清洗的部分，如图 4-100 所示。用过的酒精可以循环使用，但一般不超过 3 次。清洗过程中也要注意相关的防护措施，如佩戴口罩和橡胶手套，避免受到不必要的伤害。

图 4-98　使用酒精清洗零件

图 4-99　第 3 次清洗时用未使用过的酒精清洗零件

2. 去除支撑

零件清洗完毕，用手剥或者钳子去除零件上的支撑结构，如图 4-101 所示。本实例零件结构较复杂，剥除支撑结构时需小心操作。

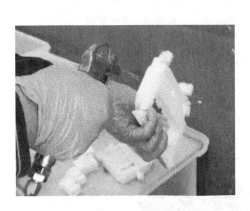
图 4-100　气枪冲洗零件

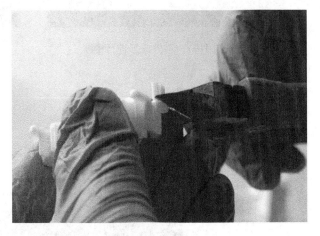
图 4-101　使用钳子去除支撑结构

3. 二次固化

为保证树脂固化完全，使用紫外光对零件进行二次固化。把刚处理好的零件放入紫外灯箱，固化 30~40min 即可。二次固化后的电器接插件零件如图 4-102 所示。

4. 打磨

固化完毕，再用雕刀、砂纸和钳子等工具对零件进行打磨，如图 4-103、图 4-104 所示。先用钳子和雕刀修整处理零件表面的毛刺飞边等，再用砂纸磨光。对零件进行细致处理后，使用 DLP 技术快速成形的电器接插件零件加工完成。

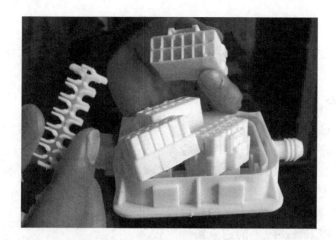

图 4-102　二次固化后的电器接插件零件

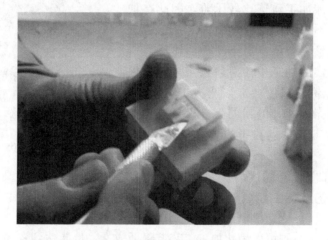

图 4-103　用雕刀去除零件上的毛刺和多余支撑结构

图 4-104　用砂纸对零件进行打磨

任务 5   金属 SLM 实例：叶轮

4.5.1   实例描述

叶轮又称工作轮（图 4-105），一般由轮盘、轮盖和叶片等零件组成，是涡轮式机械、涡轮增压发动机等的核心部件，比较常见的有汽车的涡轮增压器。气（液）体在叶轮叶片的作用下，随叶轮做高速旋转，气（液）体受旋转离心力的作用，以及在叶轮里的扩压流动作用，在通过叶轮后压力得到增强。

从整体式叶轮的几何结构和工艺过程可以看出：加工整体式叶轮时加工轨迹规划的约束条件比较多，相邻的叶片之间空间较小，加工时极易产生碰撞干涉，自动生成无干涉加工轨迹比较困难。因此在加工叶轮的过程中，不仅要保证叶片表面的加工轨迹能够满足几何准确性的要求，由于叶片的厚度有所限制，所以还要在实际加工中注意轨迹规划，以保证加工的质量。叶轮的数控加工如图 4-106 所示。叶轮的形状比较复杂，叶片的扭曲大，极易发生加工干涉，因此其加工的难点在于流道和叶片的粗、精加工。

图 4-105   叶轮

整体式叶轮的曲面部分精度高，工作中高速旋转，对动平衡的要求高。如采用传统制造方式，其加工的工艺路线通常为：①铣出整体外形，钻、镗中心定位孔；②精加工叶片顶端小面；③粗加工流道面；④精加工流道面；⑤精加工叶片面；⑥清角。

使用 3D 打印技术，则可以简化加工工艺、降低成本，也能达到较高的精度；可直接成形零件，有效地缩短产品研发周期，是解决数控加工复杂零件难题的有效途径。

本实例叶轮的三维数据模型，如图 4-107 所示，结构虽不复杂，但叶片曲面要求精度高。

图 4-106   叶轮的数控加工

图 4-107   叶轮三维数据模型

本实例的叶轮对硬度和实际使用等功能有较高的要求，且注重高效快捷、低成本和较高的精度，因此选择金属 SLM 技术成形。

4.5.2 技术解析

选区激光熔化（Selective Laser Melting，SLM）技术是以原型制造技术为基本原理发展起来的一种先进的激光增材制造技术。通过专用软件对零件三维数据模型进行切片分层，获得各截面的轮廓数据后，利用高能量激光束根据轮廓数据逐层选择性地熔化金属粉末，通过逐层铺粉，逐层熔化凝固堆积的方式，制造三维实体零件。它的成形材料包括钛合金、钴铬合金、不锈钢、镍基合金等，通常采用粒径 $15 \sim 53\mu m$ 左右的超细粉末。由于其特殊的工业应用，SLM 技术已成为近年来的研究热点。该技术能够使高熔点金属直接烧结成形为金属零件，完成传统切削加工方法难以制造出的高强度零件的成形，尤其是在小型金属模具、航空航天器件、飞机发动机零件等的制造方面具有重要的意义。

图 4-108 所示为金属 3D 打印技术制造的模具及内部流道结构图。金属 3D 打印技术打印的模具内部有传统工艺根本没办法做到的冷却系统，使模具的使用寿命至少要提升 30% 以上。通过 3D 打印可以降低模具的生产制备时间，能够快速做出模具，并且可以频繁更换和改善，使模具的研发周期能够跟上产品更新的步伐。

图 4-108 金属 3D 打印技术制造的模具及内部流道

SLM 成形过程如图 4-109 所示。供粉柱塞上升，铺粉辊在工作台上铺上一层粉末材料，构建仓的预热装置将粉末加热至略低于其熔点后，激光束将在控制系统的作用下按照该层的截面轮廓在粉层上扫描，使粉末的温度升至熔点，粉末间相互黏结，从而得到一层截面轮廓。当一层截面轮廓成形完成后，工作台就会下降一个片层的高度，接着不断重复铺粉、烧结的过程，直至实体整个成形。成形过程中，非烧结区的粉末仍呈松散状，可作为烧结件和下一层粉末的支撑部分。

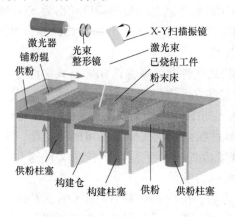

图 4-109 SLM 成形过程

当实体构建完成并充分冷却后，将其拿出并放置到工作台上，用刷子刷去表面的浮粉，就可以获得完成的实体。

4.5.3 数据处理

1. 设备描述

本实例选择 FS121M 选区激光熔融设备作为叶轮的快速成形设备，如图 4-110 所示。

FS121M 是工业级选区激光熔融快速成形设备，主要用于义齿加工、医疗器械加工、植入物加工、贵金属加工。与传统的零件加工工艺相比，它最大的优点在于一次成形，不再需要任何的工装模具，且加工周期短、易于调整。此外，此加工方式不受零件的形状及复杂程度限制，只需用三维软件（如 CAD、Solidworks 等）绘制出零件模型，并保存为 STL 格式，FS121M 就能够直接利用数据模型文件烧结出实体零件。

与国内外同类型设备相比，FS121M 具备如下优势：

1）成形速度比国内外同类 SLM 设备快。

2）采用双光斑可调设计。针对不同的材料可选择不同的光斑，可定制化调整，以更好地匹配材料属性。

3）采用双刮刀设计。配有陶瓷和橡胶两种刮刀，精度更有保证，薄壁件不易卡死。

4）采用单缸供粉单向铺粉系统，简化设备结构，可刮除烧结区域内大颗粒氧化杂质，有效提高烧结质量。

5）采用全封闭式溢粉收集系统及粉末分离系统，可减少粉尘污染，避免工作人员吸入粉尘而造成人身伤害，防止粉尘与空气接触而引起爆炸。

6）采用气体平流烟尘循环净化系统，可有效地去除大颗粒氧化杂质，节约用户惰性气体使用成本。

7）自主研发的新型数字化激光控制系统，使控制精度大大提高，抗干扰能力大大加强。

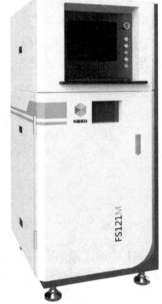

图 4-110　FS121M 选区激光熔融设备

2. STL 数据处理

BuildStar 是 FS121M 打印机的配套软件，用于构建加工所需数据包。由于打印机控制软件 MakeStar 只能识别 BPF 格式文件，因此三维建模软件创建的数据模型导出为 STL 格式后，需要再经过 BuildStar 设置相关工艺参数，排列零件的成形位置和方向，并保存为 BPF 格式文件后，才能导入打印机控制软件中进行控制烧结。

需要注意的是，在其他计算机上编辑 BPF 格式文件时，需将该 BPF 格式文件导出为 Bpz 格式的文件，再通过设备软件转换成 BPF 格式文件方可进行烧结。

FS121M 打印机能够识别的文件准备一般流程如图 4-111 所示。

打印数据准备的一般流程与其他数据处理软件相似，包括打印机和材料设置、导入 STL 数据模型、编辑数据模型、零件参数设置、碰撞检查、保存为 BPF 格式文件这几个阶段。对于不同零件，打印项目的主要差别在于零件参数的设置。

双击打开桌面上的 BuildStar 图标，打开软件后，出现如图 4-112 所示的主界面。

首先，正确选择主机设备软件上的材料包数据。单击【文件】/【改变材料】，在打开的

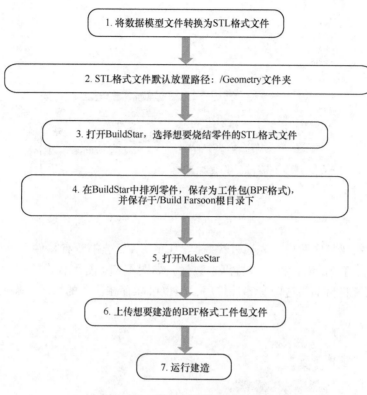

1. 将数据模型文件转换为 STL 格式文件

2. STL 格式文件默认放置路径: /Geometry 文件夹

3. 打开 BuildStar,选择想要烧结零件的 STL 格式文件

4. 在 BuildStar 中排列零件,保存为工件包(BPF 格式),
并保存于/Build Farsoon 根目录下

5. 打开 MakeStar

6. 上传想要建造的 BPF 格式工件包文件

7. 运行建造

图 4-111　SLM 打印数据准备流程

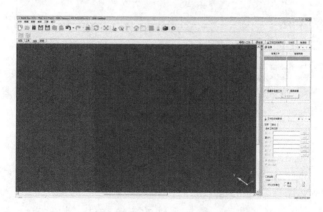

图 4-112　BuildStar 主界面

"改变材料"对话框中确定建造所用的材料为"FS121_ 316L_ V1. 1"（FS316L 不锈钢材料）,如图 4-113 所示。

在主界面右侧"导入工件"任务栏里面标示的文件添加区,选取准备好的 STL 格式文件,并拖动到成形区。

3. 零件摆放

摆放零件前,先将零件导入到平台上,零件大小不能超过成形范围。用鼠标左键配合窗口的几个视角拖动零件进行排列摆放,确保零件与零件之间保持合理的间距,间距至少

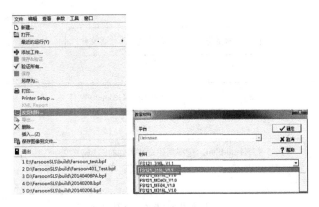

图 4-113　改变材料

为 0.1mm。

如果该零件需要打印两份，先通过快捷键"Ctrl + A"选中所有零件，再单击鼠标右键，选择【复制】，在打开的对话框中设置副本数量，如图 4-114 所示，设置完毕单击【确定】，退出对话框。系统将自动为这两套零件排序，但也可能存在覆盖的情况，需要手动调整零件位置。

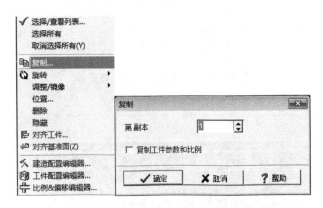

图 4-114　复制对象

4. 生成支撑

摆放好零件后，单击【生成支撑】选项卡，再单击"生成支撑"图标按钮，自动生成支撑，并进入"生成支撑"功能界面。

1）单击选中其中的一个零件后，添加零件的支撑文件，此时要注意支撑文件需要与数据模型文件配套。

2）打开相应的支撑文件后，设置单位为"mm"，如图 4-115 所示。此时，这个零件的支撑结构就设置完成了。

3）考虑到设备资源的有效利用，叶轮零件可与其他零件一同打印。重复前面两个步骤，分别添加其他零件的支撑结构，最终结果如图 4-116 所示。

4）再次单击"保存"按钮，完成文件的保存和验证。

添加支撑过程中，可单击【视图】/【显示零件尺寸】，可带参数查看待处理零件的结构。选中零件后，调整角度，仔细观察和了解零件的结构特征。

图 4-115　生成支撑

图 4-116　添加支撑结构效果图

5. 碰撞检测

设置完成后，检查零件间是否有碰撞，如图 4-117 所示。过程如下：

1）单击【工具】选项卡。

2）单击【碰撞检测】按钮，出现"碰撞检测"对话框。

3）根据需求设定公差值，单击【确定】按钮，开始碰撞检测。

4）若出现碰撞，则调整零件的位置，直到结果为"没有检测到碰撞"为止。

图 4-117　碰撞检测

6. 工艺参数设置

SLM 成形过程中，零件会发生收缩。如果粉末都是球形的，在固态未被压实时，其相对密度，即粉末状态的密度与实体状态的密度之比，只有 70% 左右，烧结成形后相对密度能够达到 98% 以上。所以，烧结过程中密度的变化必然引起零件的收缩。

因此，在烧结过程中，应该设置合理的工艺参数，并在烧结完成后待零件在设备中自然冷却后再取出，以减少温度引起的收缩。检查各烧结参数的设置是否正确，并确定粉末需求量，如图 4-118 所示。

属性名	值
建造高度	30.19 mm
粉末需求量	70.84 mm
要求最大送粉缸位置	48.54 mm
估计完成的时间	7:01:11

图 4-118　烧结参数设置情况

4.5.4 实物成形过程

实物成形流程图如图 4-119 所示。

1. 建造前准备

（1）成形前检查确认

1）成形前需检查以下几个条件是否满足要求：

① 在成形前，应仔细检查是否有足够的惰性气体。

② 工作腔内的氧气浓度是否在安全值以下（防止粉末材料在成形时发生氧化）。

③ 激光循环冷却水水位是否高于安全值。

④ 设备所在的车间环境温度保持在 (25 ± 5)℃ 之间，湿度小于 75%。

2）烧结前清理。每次开始烧结前，操作者应小心将激光窗口镜清理干净。按下述步骤操作：

① 用空气球将镜片表面浮物吹掉。

② 用无水酒精沾湿的无尘布或无尘纸轻轻地擦洗窗口镜表面，注意避免用力地、来回地擦洗，如图 4-120 所示。要控制无尘布或无尘纸划过表面的速度，使擦拭留下的液体立即蒸发，不留下条纹。

3）配制烧结材料。根据软件计算的粉末高度及粉末材料的密度，大致可以计算出需要准备的粉末质量。不同的金属粉末在使用前，须经该材料对应规格的过滤筛或配套筛网规格的振动筛过滤，以防止有异物夹杂在粉末里，影响烧结。

> **建造前准备**
> 包括成形前检查确认、起动设备、更换成形缸烧结基板、建立工件包、建造原料配制、建造前清理

⬇

> **手动操作程序**
> 包括打开软件、调整成形缸活塞位置、装粉、铺平粉末、手动充惰性气体

⬇

> **自动建造**
> 包括运行自动建造、监测建造过程（如有需要，可进行建造参数在线修改、工件参数在线修改、工件在线删除、其他在线操作及监控系统）

⬇

> **清粉及后处理**
> 包括清粉前准备、移出粉包、清粉及粉末处理

图 4-119 实物成形流程图

图 4-120 激光窗口镜清理

注意：更换成形缸烧结基板时，应穿防护服，佩戴防尘口罩、防护眼镜和防护手套，以免粉末对人体造成伤害。

（2）起动设备 操作步骤如下：

1）确保设备供电正常。

2）将设备后侧的主电源开关旋至"ON"状态，如图 4-121 所示。

3）打开计算机及配套软件 MakeStar。

4）打开激光水冷机的电源开关，如图 4-122 所示，确保水冷机处于制冷状态。

图 4-121　打开主电源开关

图 4-122　打开水冷机开关

（3）更换成形缸烧结基板　FS121M 设备中，成形缸烧结基板的作用是在烧结过程中作为零件的底部支撑，防止零件在烧结过程中发生偏移或翘曲变形。基板材料与烧结材料成分相同，通过螺钉固定在成形缸活塞板上，每次烧结前需更换合格基板。基板的外形如图 4-123 所示，更换前基板需通过平面度检查。

图 4-123　基板

安装步骤如下：

1）单击 MakeStar 中的【手动】按钮，进入手动控制界面。

2）单击【运动】按钮，如图 4-124 所示，将成形缸活塞上升至工作平面以上 2～3mm。

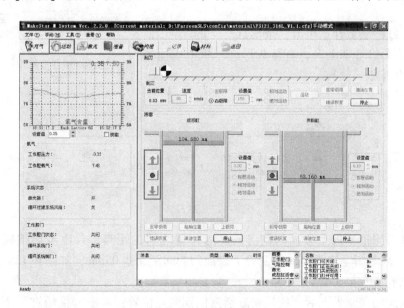

图 4-124　上升成形缸

3）将平面度检查合格的新的基板缓缓放置在活塞板上，并对准固定螺钉孔，用螺钉将基板连接至活塞板上，并紧固。

4）将成形缸活塞板下降至基板上表面与工作平面平齐或在工作平面之下，此时，更换完成，如图4-125所示。

图4-125　更换基板

（4）调整成形缸活塞位置

1）进入MakeStar手动控制界面，单击【运动】按钮，出现运动控制界面。

2）将成形缸烧结基板降至工作平面以下：单击"成形缸"下的"向下"箭头，如图4-126所示。

3）单击"刮刀"下方的"左极限"或"右极限"单选框，控制刮刀的左右移动；单击【停止】按钮，使刮刀停止运动，将铺粉刮刀移动到成形缸上方，如图4-127所示。

4）成形缸活塞上升：单击"成形缸"下的"向上"箭头，控制成形缸活塞上升，直至成形缸基板上表面接近刮刀下表面（不接触）。

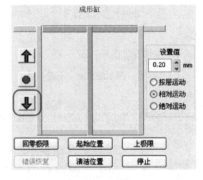

图4-126　成形缸下移

图4-127　刮刀移动

5）用塞尺测量基板上表面与刮刀的多点位置之间的距离，并逐步调整成形缸活塞位置，直到成形缸基板上表面与铺粉刮刀下表面间的间距为0.05mm，如图4-128所示。

（5）装粉

1）进入运动控制界面后，使供粉缸活塞回到原点位置：单击"供粉缸"下的【回零极限】按钮，如图4-129所示，使活塞直接回到原点。

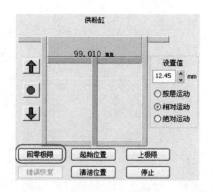

图 4-128　塞尺检测安装高度　　　　图 4-129　供粉缸回到原点位置

2）在供粉缸上放置匹配烧结金属粉末材料规格的过滤筛，将金属粉末缓慢倒入过滤筛中，过滤掉粉末中的大颗粒或其他大块杂质，符合烧结条件的金属粉末直接过滤到供粉缸中。

（6）铺平粉末

1）将成形缸活塞位置调整至成形缸基板上表面与铺粉刮刀下表面间的距离为 0.05mm；将铺粉刮刀移动到右极限位置。

2）将供粉缸活塞上升 0.05 ~ 0.1mm；输入设置值，选择"相对运动"单选框，再单击"向上"箭头，如图 4-130 所示。

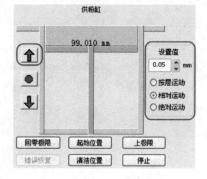

3）将铺粉刮刀从右侧移动到左侧；重复该动作，直至工作平面全部被粉末铺平。

2. 烧结工艺过程

（1）工作环境设置　确保工作腔门已关闭；双击 MakeStar 启动软件，进入软件的主界面；单击【手动】按钮，进入手动控制界面。

1）设置成形缸活塞温度为 60 ~ 200℃（视材料而定）。

图 4-130　设置供粉缸

2）手动充惰性气体：充惰性气体时，必须打开集尘系统电源开关，确保集尘系统已开启并正常运行；单击手动控制界面中的【充气】按钮，如图 4-131 所示。

氧气含量实时监测图表下方弹出的选项框内，将氧气含量设置值设为"0.35"。点选"使能"复选框，向腔体内充入惰性气体；当腔体内氧气含量下降至设置值以下时，单击【返回】按钮，退出手动操作界面。

（2）自动建造　进入软件主界面，单击【建造】按钮，进入自动建造界面；单击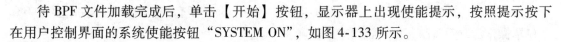按钮，在弹出的对话框中找到预先保存的 BPF 文件并单击打开，如图 4-132 所示。

待 BPF 文件加载完成后，单击【开始】按钮，显示器上出现使能提示，按照提示按下在用户控制界面的系统使能按钮"SYSTEM ON"，如图 4-133 所示。

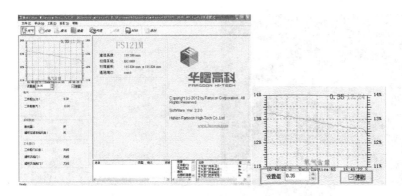

图 4-131　充氮

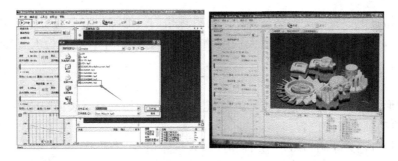

图 4-132　导入 BPF 文件

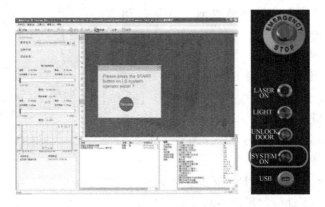

图 4-133　系统使能

　　系统使能后，自动建造开始，系统开始充入惰性气体，当氧气含量到达 0.3% 时，开始进行铺粉、烧结。待烧结完成后，就可以将零件取出，进行后续处理。

4.5.5　成形后处理

1. 清粉取件

　　准备好配套的方形过滤筛、个人防护用具、刷子、防护手套等工具。取零件时要戴手套及口罩操作，避免皮肤直接接触而造成伤害。

1）成形完成后，成形缸内活塞温度足够安全时，单击【手动】按钮进入手动控制界面，再单击【运动】按钮，选择"成形缸"右侧"相对运动"选项，"设置值"中输入"0.5"（mm），并按"向下"箭头，使成形缸下降到工作平面以下，如图4-134所示。

2）如图4-135所示，选择"供粉缸"右侧"相对运动"选项，"设置值"中输入适当值，并按"向下"箭头，使供粉缸下降，以放置过滤筛。

 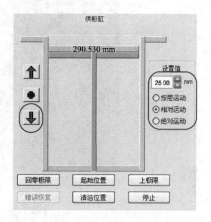

图4-134　成形缸下降　　　　　　　　图4-135　供粉缸下降

3）将铺粉刮刀移动到右极限：选择"刮刀"下方的"右极限"选项，单击【运动】按钮，铺粉刮刀移动并停止在右极限位置，如图4-136所示。

图4-136　铺粉刮刀移动至右极限

4）将方形过滤筛放置在供粉缸上，防止清理时大颗粒粉末或异物进入供粉缸。

5）选择"相对运动"控制成形缸以10mm为单位上升，如图4-137所示。每上升10mm，用刷子将多余的粉末刷到溢粉箱（图4-138）。

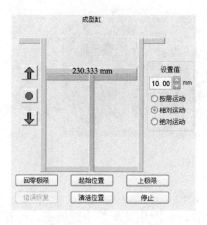 

图4-137　成形缸上升　　　　　　　图4-138　将多余的粉末刷到溢粉箱

重复该动作，直到成形缸到达上极限位置。将多余的粉末清理到溢粉箱中后，用吸尘器将基板螺钉孔及其他死角处的粉末清理干净。如图4-139所示，将基板从成形平台上取下，清理零件表面的浮粉后拿出。

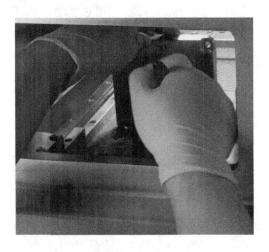

图4-139　清理零件表面浮粉

2. 零件后处理

（1）分离零件　采用线切割将零件从基板上剥离，如图4-140所示；去除剩余的支撑，获得零件。用打磨工具初步清理零件表面毛刺，如图4-141所示。

叶轮零件位于右下角

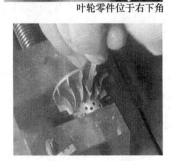

图4-140　分离零件

此时的零件已经初步平整了，后期还需打磨抛光等处理。

（2）去应力退火　将零件与基板从设备中取出后，放入热处理炉中进行去应力退火。

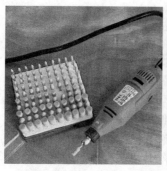

图4-141 打磨、清理零件

（3）喷丸、抛光 根据技术要求对零件进行表面处理——喷丸、抛光。

喷丸是用铁丸撞击材料表面，去除零件表面的氧化皮等污物，并使零件表面产生压应力，从而提高零件的接触疲劳强度。

抛光是对材料表面进行细微的表面处理，平整表面，使得表面具备高的精度和低的表面粗糙度值。

（4）粉末处理 将供粉缸中剩余的粉末和溢粉箱中的粉末置入振动筛中过滤，将过滤后的粉末存储于干燥密封的容器或密封袋中。使用工业吸尘器将设备上（特别是工作腔表面）残留的粉末清除干净。

参 考 文 献

[1] 成思源, 杨雪荣, 等. 逆向工程技术 [M]. 北京：机械工业出版社, 2017.

[2] 潘常春, 李加文, 卢骏. 逆向工程项目实践 [M]. 杭州：浙江大学出版社, 2014.

[3] 刘鑫. 逆向工程技术应用教程 [M]. 北京：清华大学出版社, 2013.

[4] 陈继民. 3D 打印技术基础教程 [M]. 北京：国防工业出版社, 2016.

[5] 赖周艺, 朱铭强, 郭峤. 3D 打印项目教程 [M]. 重庆：重庆大学出版社, 2015.

[6] 王忠宏, 李扬帆, 张曼茵. 中国 3D 打印产业的现状及发展思路 [J]. 纵横经济, 2013 (1)：90-93.

[7] MARSH P. The new industrial revolution: consumers, globalization and the end of mass production [M]. New Haven：Yale University Press, 2012.

[8] 王延庆, 沈竞兴, 吴海全. 3D 打印材料应用和研究现状 [J]. 航空材料学报, 2016, 36 (4)：89-98.

[9] 吴立军, 招銮, 等. 3D 打印技术及应用 [M]. 杭州：浙江大学出版社, 2017.

[10] 杨永强, 刘洋, 宋长辉. 金属零件 3D 打印技术现状及研究进展 [J]. 机电工程技术, 2013, 42 (4)：1-7.

[11] 陈继民, 王颖, 曹玄扬, 等. 选区激光熔融技术制备多孔支架及其单元结构的拓扑优化 [J]. 北京工业大学学报, 2017, 43 (4)：489-495.

[12] 李小丽, 马剑雄, 李萍, 等. 3D 打印技术及应用趋势 [J]. 自动化仪表, 2014, 35 (1)：1-5.

[13] 方浩博, 陈继民. 基于数字光处理技术的 3D 打印技术 [J]. 北京工业大学学报, 2015, 41 (12)：1775-1782.

[14] 王铭, 刘恩涛, 刘海川. 三维设计与 3D 打印基础教程 [M]. 北京：人民邮电出版社, 2016.

[15] 贾品第, 邰易萱. 基于 3D 打印技术的创意文化产品创新设计 [J]. 包装世界, 2017 (3)：126-128.